Ursula Stratmann

Kräutertour de Ruhr

Die schönsten Kräuterführungen im Ruhrgebiet

30 Ausflüge für das ganze Jahr

KLARTEXT

Umschlagbild innen vorne:
Blumenpracht in Witten neben dem Saalbau *(Foto: Ursula Stratmann)*

Umschlagbild innen hinten:
Weitmarer Holz *(Foto: Ursula Stratmann)*

Vorhergehende Doppelseite:
Topinambur an der Ruhr *(Foto: Ursula Stratmann)*

IMPRESSUM

1. Auflage März 2015

Satz und Layout: Achim Nöllenheidt
Umschlagbild: © Konstiantyn – Fotolia.com
Umschlagbild Autorin: Yasmin Kuhr
Umschlaggestaltung: Volker Pecher
Druck und Bindung: Multiprint GmbH, Kostinbrod

© Klartext Verlag, Essen 2015
ISBN 978-3-8375-1388-2

Alle Rechte der Verbreitung, einschließlich der Bearbeitung für Film, Funk, Fernsehen, CD-ROM, der Übersetzung, Fotokopie und des auszugsweisen Nachdrucks und Gebrauchs im In- und Ausland vorbehalten.

KLARTEXT info@klartext-verlag.de, www.klartext-verlag.de

Inhalt

8 | *Vorwort*
10 | *Einleitung*
14 | *Hinweise zum Sammeln*

16 | *Januar*
17 | Winterwald, Baumgesichter und Harzsalbe
22 | Tour 1: Witten/Wetter: Elbschebachtal mit Pilzen, Harz und urigen Bäumen
34 | Tour 2: Wetter/Herdecke: Gut Schede, schöne Wälder und Seeblick

42 | *Februar*
43 | Spontan-Salat in Hattingen-City und erste Naschereien
46 | Tour 3: Witten: Muttental mit Baumgesichtern und Elfenwiesen
58 | Tour 4: Bochum: Steinbruch mit Stahlspuckern und Baumküssen

60 | *März*
61 | Kräuter für Anfänger am Kemnader See und Frühlings-Blütenzauber
66 | Tour 5: Hattingen: Ruhrauen mit stacheligen Karden und Frühlingskräutern
72 | Tour 6: Herdecke: Wilde Apotheke und Federvieh an der Ruhr

78 | *April*
79 | Lieblinge mit Migrationshintergrund im Revier
84 | Aktuell im April sammeln
86 | Tour 7: Witten: Anemonen und Moschuskraut im Dorneywald
96 | Tour 8: Unna: Frühlingssalat mitten in der Stadt
102 | Tour 9: Hattingen: Krankenhaus-Zaubergarten
108 | Tour 10: Hattingen: Blankensteiner Frühlingsspaziergang
114 | Tour 11: Dortmund: April, April im Rombergpark

122 | *Mai*
123 | Holunderblüten für Gourmets
124 | Ruhr-Rhabarber
128 | Aktuell im Mai sammeln

132 | Tour 12: Essen: Kettwiger Ruhrufer mit Zauberkräutern und Distelgemüse
140 | Tour 13: Gelsenkirchen: Romantik-Wälder im Emscherbruch
148 | Tour 14: Duisburg: Botanischer Garten mit Seltenheitswert

154 | *Juni*
154 | Aktuell im Juni sammeln
160 | Tour 15: Mülheim: Heilkräuter im Klostergarten
166 | Tour 16: Waltrop: Halde mit Wurzelgemüse und Überlebenskräutern

178 | *Juli*
179 | Aktuell im Juli sammeln
184 | Tour 17: Haltern: Zauberland Westruper Heide
188 | Tour 18–20: Witten–Bochum–Hattingen:
Einmal um den Kemnader See in drei Etappen
188 | Der See
190 | Erste Etappe, Tour 18:
Vom Freizeitbad Heveney zum Bootshafen Heveney
202 | Zweite Etappe, Tour 19:
Bootshafen Heveney bis Bootshafen Oveney
220 | Dritte Etappe, Tour 20:
Vom Wasserschloss Kemnade bis Freizeitbad Heveney
232 | Tour 21: Bochum-Stiepel: Kornelkirschen, ein Dino und küssende Pappeln
244 | Tour 22: Mülheim: Nymphen im Darlington-Park

248 | *August*
248 | Dortmund-City und seine Karnickel
250 | Aktuell im August sammeln
252 | Tour 23: Wuppertal: Die schönste Blume der Welt im Botanischen Garten
262 | Tour 24: Wuppertal/Schwelm: „Fairy trail" an der Wupper

268 | *September*
269 | Holunderbeeren für Genießer
272 | Aktuell im September sammeln
272 | Tour 25: Hagen: Ehrwürdige Baumgestalten am Wasserschloss Werdringen
280 | Tour 26: Dortmund/Hagen: Holunderbeeren und Kräuter am Hengsteysee
286 | Tour 27: Bochum: China-Feeling und Sumpfzypressen im Botanischen Garten

6 ∫ *Kräutertour de Ruhr*

300 | *Oktober*
301 | Wie ich in Essen eine neue Pflanze entdeckte
304 | Aktuell im Oktober ernten
306 | Tour 28: Bochum: Pilzwunderwelt und Baumschönheiten im Weitmarer Holz

310 | *November*
311 | Rätsel
312 | Tour 29: Sprockhövel: Bachtal-Romantik am Paasbach

316 | *Dezember*
317 | Dezember-Impressionen im Ruhrgebiet
318 | Tour 30: Schwerte: Baumkrebsiges und liebliche Bachtäler rund um das Lokal Freischütz

320 | *Nachwort und Vision*

322 | Anhang
322 | Kurzanleitung: Zubereitung von Kräutern
324 | Pflanzenliste Ruhrufer
326 | Ursulas botanische Lieblingslektüre
329 | Hier gibt es Bio-Samen und -Kräuter
330 | Ausgewählte Botanik-Projekte aus dem Ruhrgebiet
330 | *Bochumer Botanischer Verein*
330 | *Akademie für angwandte Vegetationskunde*
331 | *Aktuelles Projekt am Gemeinschaftskrankenhaus Herdecke*
332 | *Gemeinschaftsgarten im Siepental – macht Essen essbar!*
333 | Dank
334 | Über die Autorin

Vorwort

Mit diesem Buch lade ich Sie ein, mit mir die herrliche Kräuter-Wunderwelt im Ruhrgebiet zu entdecken. Seit Jahren bin ich auf der Suche nach den schönsten grünen Orten im Revier. Meine Lieblingsziele stelle ich Ihnen hier vor.

Für die laubfreien Wintermonate gibt es besondere Wälder mit eindrucksvollen alten Bäumen, Baumgesichtern, mäandrierenden Bächen, schönen Landschaftsbildern und Orten zum Harzsammeln. Für Frühling und Sommer finden Sie Orte, wo man in Fülle Kräuter finden und Blüten naschen kann, für den Herbst Sammelstellen für Beeren, Maronen und Kornelkirschen.

Zu allen Zeiten lohnen Ausflüge in die Botanischen Gärten. Lassen Sie sich von mir an die Hand nehmen, und lernen Sie die Bäume und Kräuter direkt vor Ort kennen!

Die beschriebenen Touren sind alle nicht besonders lang. In der Regel sind sie in ein bis zwei Stunden gemütlich zu schaffen. Meist ist ein Café in der Nähe. Die längste Tour ist der Kräutermarathon um den Kemnader See mit circa zehn Kilometern, den Sie aber – wie beschrieben – in drei Touren unterteilen können. Wegen Reizüberflutung …

Ich brauche für die kurzen Wege meist viel länger. Mit mir kann man grundsätzlich nicht „spazieren gehen". Ich bleibe an jedem Kraut stehen, probiere, sammle, betrachte, frage mich: „Warum gerade hier und warum gerade so?" und denke in aller Ruhe und alter Feng-Shui-Original-Tonart: „Wie wundervoll das alles ist!" Dieser Spruch steht übrigens an der Wand des chinesischen Gartens innerhalb des Botanischen Gartens der Ruhr-Universität Bochum.

Allerdings auf Chinesisch. Recht haben sie! Und ein Besuch dort lohnt allemal (Tour 31).

Wenn Sie bei meinen Ausflugsvorschlägen nun viel schneller sind oder lieber mehrere Stunden wandern möchten, können Sie an allen angegebenen Orten auch weitere Touren machen.

Im Botanischen Garten Bochum

Einleitung

Als Kind befand ich mich in einem einzigen Zauberreich. Ich lebte auf einem Bauernhof in Wetter-Albringhausen und liebte den Garten, das Gras, die blühenden Obstbäume, das raschelnde Laub, die Kirschernte, die Kaninchen, Hühner, Bienen, Ameisen, Schnecken, Asseln, Kröten, Molche, Froschlaich, Libellenlarven, Tausendfüßler …

Auch heute noch empfinde ich all dieses als Wunder! Gestern im Garten entdeckte ich an der Grundstücksgrenze einen neuen Farn. Farne sind, wie man schon im Mittelalter wusste, das beste Mittel gegen Hexerei! Sollte da …

Die Autorin mit 2 und mit 6 Jahren

Ich bin auf der Suche nach **Gundermann**. Drei Blättchen sollen in meinen Salat, da nach alter Bauernregel dies bei täglichem Genuss gegen alle Krankheiten schützt. Er schmeckt wie Ziegenkäse und bereichert meine Salat-Delikatesse sternemäßig. Zugegeben sind die Geschmäcker verschieden, und einige Menschen sind der Meinung, dass er NICHT in die Reihe der Gourmetkräuter gehört. Allerdings macht er hellsichtig (alte Bauernregel) und ist damit sowieso das Beste für eine morgendliche Gesundheits-Mahlzeit. Am Gundermann tummeln sich die Bienen. Wie wunderbar! Demnächst hole ich bei meinem Nachbarn wieder den hauseigenen Honig und weiß: Von meinen Gundermännchen ist auch was drin!

Mein Garten und die grünen Standorte im Ruhrgebiet sind für mich Erholung pur!

Kräutertour de Ruhr

Ruhe vom städtischen Lärm, abwechslungsreiches und doch grünes Ambiente mit individueller Möblierung, auch im Wald: Bänke aus liegenden Stämmen, ein Moospolster als Sitzunterlage, ein Bächlein zum Händewaschen, herrliche Ausblicke statt Wandgemälden …

Bei meinen eigenen Kräuterführungen komme ich mir oft vor wie andernorts die Stadtführer: Die zeigen die besonderen Gebäude und erklären die geschichtlichen Kuriositäten. Ich zeige Ihnen, welche Gemüse-, Salatkräuter- und Apothekenschätzchen dort wachsen, welche denkmalwürdigen Bäume dort stehen und wie die Geschichte des Ortes die Pflanzendecke geformt hat. Und finde, dass ich den schönsten Job der Welt habe. Was kann es Schöneres geben, als in der freien Natur zu arbeiten, in den schönsten Eckchen der Welt, von netten Menschen begleitet, mit kleinen würzigen Naschereien am Wegrand, und auch noch darüber zu schreiben? Ich danke allen Naturwesen, meinen Exkursionsteilnehmern sowie dem Klartext Verlag, dass sie mir diese Art der Arbeit ermöglichen.

Farn im Raureif

Als ich neulich mit einer Gruppe in Herne, Herten und Gelsenkirchen unterwegs war, musste ich feststellen, wie viele weitere wundervolle kleine grüne Oasen es im Ruhrgebiet gibt, zum Beispiel den herrlichen Garten mit großen Teichen und Wassergräben rund um Schloss Berge in Gelsenkirchen oder in Herten um Schloss Strünkede. Außerdem den Duisburger Stadtwald, den Ruhrtalradweg in der Nähe der Roten Mühle in Essen oder in Schwerte, den Grugapark, den Stadtpark Bochum, die herrliche, teilweise urwaldartig anmutende Kulisse an der Erzbahntrasse zwischen Bochum und Gelsenkirchen. All diese Kleinode mit ihren Kräuterschätzen hier zu beschreiben würde mehrere Bände füllen. Ich arbeite dran!

Leider hat der Sturm Ela am 9. Juni 2014 viele Standorte verwüstet, zum Beispiel den Schellenberger Wald in Essen und viele weitere grüne Schätze in Bochum und Essen. Bis diese Orte wieder die Kraft, Schönheit und Anmut haben wie vorher, wird es wohl einige Jahrzehnte dauern.

Wenn Sie neugierig auf mehr Standorte sind, empfehle ich Ihnen das Buch „RuhrKOMPAKT" von Achim Nöllenheidt (Klartext Verlag, Essen 2013), welches 1200 Ziele im Ruhrgebiet auflistet, davon unzählige Gärten, Parks, Täler, Wälder und Industrienatur-Standorte.

Noch ein Hinweis zur **Aktualität** der Beschreibungen. Die Wege wurden alle im Jahr 2014 abgegangen und beschrieben und nach dem Sturm vom 9. Juni 2014 noch einmal kontrolliert.

Sollte Ihnen der eine oder andere Baum oder ein beschriebenes Kraut nicht mehr begegnen, ist der „Zahn der Zeit" schuld. Oder eine Wühlmausfamilie. So geschehen in meinem Garten mit Engelwurz und Topinambur. Oder das Grünflächenamt der Stadt hat für diese Fläche etwas anderes beschlossen. Möglicherweise haben aber auch die städtischen Gärtner dieses Buch gelesen und die Wildkräuter in den Beeten selbst geerntet. Vielleicht ist auch die Klimaerwärmung schuld, die selbst im Ruhrgebiet mittlerweile Kiwis und Feigen in voller Pracht gedeihen lässt. Es könnte auch sein, dass Sie besondere Arten finden, die mir noch nicht begegnet sind. Gerade das Ruhrgebiet ist immer für eine Überraschung gut, sind doch Menschen, Lastwagen, Züge, Schiffe aus aller Herren Länder hier unterwegs und bringen Samen mit. Sie sehen: Super spannend!

Falls Sie Besonderes entdecken oder von mir beschriebene Bäume nicht mehr finden, freue ich mich sehr über eine Mitteilung von Ihnen für die Aktualisierung der nächsten Auflage.

Ich wünsche Ihnen gute Erholung und viele interessante Kräuter! Mitten im Ruhrgebiet!

Ihre Ursula Stratmann

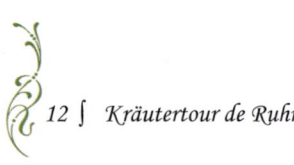

Wichtiger Hinweis

Bevor Sie eine Pflanze essen oder anderweitig anwenden, müssen Sie **sicher** sein, dass Sie die Art **wirklich richtig erkannt** haben. Die Anwendung und Zubereitung der erwähnten Pflanzen erfolgt in **Eigenverantwortlichkeit**, da weder Autorin noch Verlag die möglichen Unverträglichkeiten oder Vorerkrankungen der Anwender kennen. Sprechen Sie die Anwendung der erwähnten Heilpflanzen mit einem Arzt ab. Die Informationen und Ratschläge sind von der Autorin und dem Verlag sorgfältig erwogen und geprüft worden. Eine Haftung der Autorin bzw. des Verlags und seiner Beauftragten für Personen-, Sach- oder Vermögensschäden ist ausgeschlossen.

Zur Benutzung des Buches

Um die Kräuter und Bäume kennen zu lernen, empfehle ich, eine Ausgabe von **„Was blüht denn da?"** oder **„Welcher Baum ist das?"** oder andere Bestimmungsbücher dabei zu haben und dann vor Ort zu schauen, ob Sie die Pflanze identifizieren können. Oft sind die Kräuter nur am Blatt zu erkennen. Das erfordert Übung oder die persönliche Teilnahme an einer Kräutertour.

Die meisten Touren, bei denen ich Sie direkt **„an die Hand nehme"** und den kompletten Wegrand beschreibe, **dauern etwa eine bis eineinhalb Stunden**. Wenn Sie genau hinschauen, länger. An allen Orten sind danach **weitere Wandermöglichkeiten** vorhanden und **meist ein Café** zum Einkehren.

Hinweise zum Sammeln

Naturschutzrecht
Grundsätzlich dürfen geschützte Arten und gefährdete Arten nicht gesammelt werden.

Sammelvorgaben
Wie?
» Beeren und Nüsse abpflücken, niemals die Pflanze dabei beschädigen
» Pilze rausdrehen oder abschneiden, niemals das Pilzgeflecht im Boden beschädigen, nach dem Abschneiden den Rest unbedingt mit Erde bedecken
» Blumen und Kräuter abschneiden, nicht die Wurzeln beschädigen

Wo nicht?
» Sie sollten darauf achten, ob Sie sich in einem Privatwald befinden: Dort dürfen Sie nur mit Zustimmung des Besitzers sammeln
» Auch auf eingezäunten Grundstücken dürfen Sie nicht sammeln
» Nicht sammeln dürfen Sie in öffentlichen Parks
» Nicht sammeln dürfen Sie in Naturschutzgebieten

Wie viel?
» Einen Blumenstrauß für den Privatgebrauch in der Größe, wie man ihn in einer Hand halten kann
» Beeren und Nüsse pro Person eine kleine Schüssel voll
» Wer gewerbemäßig sammelt, um die Ernte auf dem Markt zu verkaufen, braucht eine Genehmigung.

Sammelhinweise unter Gesundheitsaspekten
Nicht sammeln sollte man dort
» *wo die „Hundetoilette" ist*
» *wo intensive landwirtschaftliche Nutzung stattfindet (Pestizide)*
» *an stark befahrenen Straßen*
» *auf Altlasten, Industriehalden*

Die Alternative zum „Nicht sammeln": die Wildkräuter einfach in den eigenen Garten holen!

Januar

Winterwald, Baumgesichter und Harzsalbe

Die laublose Zeit mag manchen Wanderer frustrieren. Wo ist das erbauliche frische Grün? Das beruhigende Rascheln des Laubes?

Geduld, meine Lieben! Die Winterzeit ist die beste, um zum Beispiel einmal das totale Ruhr-Hochwasser in Bochum-Stiepel zu genießen, wo Enten auf Straße und Radweg zwischen alten Bäumen umherschwimmen, wo sonst nur Wanderer und Radfahrer unterwegs sind. Oder um an der Platanen-Allee an der B 1 in Dortmund noch die letzten Weihnachtskugeln zu entdecken (oder sind das Ohrringe?). Oder um herrliche Schnee-Gebilde an Bächen oder Bäumen zu bewundern.

Ich liebe den Januar-Wald. Endlich Gelegenheit, den Bäumen auf die Rinde zu schauen und Baumgesichter, in-

Bild Seite 16: Morgennebel in Witten-Stockum

Schnee-Impressionen aus Herdecke. Ruhrviadukt

teressante Muster und Baumpilze zu entdecken, dem Knarzen der Stämme zu lauschen, im Ilex-Strauch mitten im Schnee ein Vogelgezwitscher zu hören, die völlige Entspannung zu tanken, Harz zu sammeln und sich einmal mehr zu fragen. „Wozu?"

Neulich war ich nach einem Unterrichtstag vollkommen platt. Mein Weg führte mich zur Entspannung ins Weitmarer Holz in Bochum. Wald ist für mich Kurort, Wunder, Heiligtum, Gesundbrunnen, Inspiration, Ort zum Staunen, Kraftplatz, Pilzmuseum und Apotheke zugleich. Nun, wohl ein Thema für ein neues Buch.

Kein Wunder, dass ich nach einer Stunde dort vollkommen erfrischt war. Gerade im Weitmarer Holz finden sich die urigsten Baumgestalten!

Und was könnte man im Winter sammeln? Harz! Zwar wird optimal im heißen trockenen Sommer gesammelt, da das Harz dann am wenigsten Wasser enthält, aber ich sammle es dennoch meist im Winter, da ich dann endlich

Raureif-Impressionen aus Wetter-Volmarstein

Zeit dafür habe und nicht den Reizüberflutungen durch gleichzeitig zu viele Kräuter, Blumen, Beeren, Früchte erliege, die ich auch noch gerne ernten und verarbeiten würde. Meine besten Sammelstellen zum Harzsammeln sind große Wunden an alten Fichten, die vielleicht ein Forstfahrzeug (in dann zugegebenermaßen idealer Sammelhöhe) an einem Baum hinterlassen hat. Ideal sind nicht die offensichtlichen weißen, an Vogelexkremente erinnernden, runter gelaufenen, schon ausgehärteten Harzlinien. Diese sind oft schon steinhart und liefern beim Abschaben zu viel unerwünschte daran klebende Rinde mit. Besser ist die weiche, weiße oder grau-braune Masse aus einer frischen großen Wunde. Die können Sie leicht mit einem alten Messer auskratzen. Wenn Rindenstücke dran sind, kein Problem. Die werden beim Salbeherstellen herausgefiltert.

Eine Harzsalbe herzustellen ist wirklich kinderleicht! Sie benötigen nicht die vielen Zutaten, die sonst für selbst gemachte Cremes gebraucht werden, und auch nicht die 25

Bild u.l.:
Wald wozu? Um Drachenwesen zu finden! Weitmarer Holz

Bild u.r.:
Wald wozu? Um herrliche Spazierstöcke zu formen, Weitmarer Holz

Im Januar haben die Platanen im Bochumer Stadtpark und an der B 1 in Dortmund noch Ohrringe

Stoffe, die auf der Zutatenliste der handelsüblichen Produkte zu finden sind, sondern genau drei!

Die Harzsalbe ist für mich immer wieder ein Wunder. Ich habe schon mehrmals mit Kräuterkursen Salbe gerührt und bekomme mehr und mehr „Wunderheilungsgeschichten" erzählt. Entzündete Verbrennungswunden heilen innerhalb kürzester Zeit, Pickel oder juckende Insektenstiche bessern sich innerhalb von zwei Stunden, Splitter wurden damit herausgezogen, Schmerzen verschwanden. All die Erfahrungen habe ich auch schon selbst gemacht. Von all meinen selbst gekochten Salben ist dies mein absoluter Hit!

Fichtenharz, wie Gott es geschaffen hat, und fertige Salbe

Harzsalbe

Zutaten: 100 ml Olivenöl oder Mandelöl, 15 g Bienenwachs (optimal als Plättchen und bio), 30 g Lärchen- und Fichtenharz (am besten gemischt)

Zubereitung: In einem alten Topf, den man hinterher wegschmeißt oder immer nur für diesen ersten Schritt nimmt, besser noch in einer Konservendose (das Harz ruiniert den Topf für immer!) Öl leicht erwärmen, dann Harz dazu geben und mit einem Holzlöffel (den man auch nur für diese Prozedur nimmt) umrühren, bis sich das Harz möglichst aufgelöst hat. Achtung: Nur LEICHT erwärmen, niemals kochen! Sonst verdunsten die ätherischen Öle. Das riecht zwar herrlich, aber in der Salbe sind dann keine mehr drin. Unlösliche Rückstände (Rinde) abseihen: In ein Sieb legt man ein Tuch (zum Beispiel ein Stück von einem alten Trockentuch) und seiht dadurch in einen sauberen Topf ab. Das Tuch wandert mit den Rindenstücken in den Müll. Diesen Topf wieder auf den Herd stellen und bei geringer Temperatur Wachs darin auflösen. In Behälter gießen, abkühlen lassen, dann verschließen und beschriften.

Die Salbe ist nicht lichtempfindlich, kann in Weißglas aufbewahrt werden und ist mindestens 18 Monate haltbar. Harzsalbe kann Splitter herausziehen, die Wunde verschließen und desinfizieren. Harz mobilisiert die örtlichen Abwehrkräfte, beugt Wundinfektionen vor, fördert die Durchblutung und hilft auch gegen leichte Schmerzen zum Beispiel bei Rücken- oder Nervenschmerzen. Was man noch wissen sollte: Beim Auftragen auf offene Wunden kann die Salbe ein leichtes Brennen verursachen.

Tour 1

Witten/Wetter: Elbschebachtal
mit Pilzen, Harz und urigen Bäumen

ⓘ Witten-Elbschebachtal und angrenzende Wälder. Parken am Wanderparkplatz, Bommerholzer Straße 60, Haus Bommerholz. Am Parkplatz steht auch das Straßenschild Elbschestraße. Danach Kaffee und Kuchen: Am Stöter, Bommerholzer Straße 107. Gegenüber vom Wanderparkplatz, an der Bommerholzer Straße, guckt ein Haus, überwuchert mit Efeu.

Vom Wanderparkplatz aus führen viele Rundwege bergab durch Forste ins wilde und feuchte Tal der Elbsche mit ihren Zuflüssen, welches Naturschutzgebiet ist. Wasserdichte Gummistiefel sind angesagt, gerade im Januar, aber eigentlich zu jeder Jahreszeit. Und warme Kleidung, denn ein großer Teil des Weges liegt im Schatten. Das Tal wird

Guckt da einer? Mit Bart? Und Zipfelmütze?

Kräutertour de Ruhr

Franzosenkraut

durchzogen von Bächen und kleinen Rinnsalen und die Wege sind zertrampelt von Pferdehufen, also mit „Schlaglöchern" voller Wasser. Ich bin an glitschigen Hängen schon öfter im Matsch gelandet, also ziehen Sie am besten nicht Ihren Sonntagsstaat an. Insgesamt dürfen Sie diese Tour komplett unter „Abenteuer" verbuchen! Oder unter Elfenmagie. Wenn noch Nebel herrscht, können Sie möglicherweise die Romantik kaum aushalten und fühlen sich wie in „Herr der Ringe".

Vom Parkplatz aus gehen Sie die Straße Richtung Wald entlang, lassen das Haus Bommerholz links liegen und folgen der Straße auf ca. 500 Metern. Links sehen Sie noch immer die Sturmschäden, die Kyrill einst geschlagen hat. Dahinter ist ein Teil der Kiefern geordnet abgeholzt worden. Wie das bei frei gewordenen Flächen immer so ist, eilen Kräuter herbei, um die Kahlheit mit frischem Grün zu bedecken. So fand ich hier am Straßenrand im schneefreien Januar 2014 eine gut sortierte Salattheke. Gut sortiert? Das meint, dass zum Beispiel die Gourmetspeise **Franzosenkraut** in großer Menge zu haben ist. Das ist dieser Schatz, von dem der Wildkräuterversender „Essbare

Hohlzahnblüte, ein Zahn auf der Unterlippe? Die Blätter sind lecker

Landschaften" aus Waltrop schrieb: „Mancher Salat wünscht sich, so zu schmecken." Nun, jedenfalls im Mai. Im Januar müssen Sie den Kräutern geschmacklich zugestehen, dass sie eben jetzt „Winter" haben.

Daneben stehen **Weiße Taubnesseln** (mein persönlicher Favorit, diese Zartheit!), **Brennnesseln** (okay, was für den Eisenhaushalt, ersetzt kiloweise Fleisch) und **Giersch** mit Selleriegeschmack. Der hilft ja auch gegen Gicht. Also, falls Sie noch unter den Folgen des Weihnachtsschmauses leiden: Hier ist Ihr Entgiftungskraut. Essen Sie es oder genießen Sie es als Tee. Hilft ganz ohne Arztbesuch! Daneben stehen noch Reste vom **Gemeinen Hohlzahn** *(Galeopsis tetrahit)*, den ich als Salatkraut auch niemals verachte. Die Unterlippe der Blüte zeigt einen Zahn. Falls Sie noch eine Pflanze finden, schauen Sie einmal genau hin. Das Foto dazu stammt von Dezember.

Vereinzelt wird die Salattheke bereichert durch die zarte **Vogelmiere**, die ja auch dankenswerterweise im Januar noch da ist. Auch finden sich hier das **Wiesen-Labkraut** *(Galium mollugo)* und das **Wald-Schaumkraut** *(Cardamine flexuosa)*. Letzteres ist ein herrliches Senfgewürz: reinigend und scharf, die Verdauung anregend und einfach unterwegs lecker.

Bei meinen Kräuterkursen im Hochsommer fragen mich die Teilnehmer immer: „Und was kommt im Winter in den Smoothie?" Nun, alles bisher Genannte. Dazu noch ein paar **Brombeer**blätter.

Daneben stehen vereinzelt die Reste vom **Schwarzen Nachtschatten** (giftig) und der **Silbernessel** mit den panaschierten Blättern, die Sie vielleicht aus Ihrem Vorgarten kennen, mit bitterem Geschmack.

Dahinter residiert flächendeckend der **Adlerfarn**, von dem Sie im Januar nur die braunen abgestorbenen Wedel sehen. Im April und Mai können Sie hier die frischen eingerollten Spitzchen sammeln, trocknen und in ein Kräuterkissen füllen, welches gegen Schmerzen hilft. Meine Oma hat immer ihre Katze auf die Rheumastellen gelegt. Ein Farnkissen ist einfach zuverlässiger.

Der Nadelwald begleitet Sie auf diesen ersten 400 Metern bis zu einer Weggabelung. Links führt ein Weg weiter, rechts verläuft die Straße. Wir nehmen keinen der beiden Wege, sondern gehen geradeaus bergab. Ab hier umfängt uns Laubwald. Im Unterwuchs? Nichts! Vorbei ist es mit der Salattheke. Nur viele jugendlich frische Bäumchen versuchen hier ihr Dasein zu fristen. Mini-**Buchen** und Mini-**Eichen** (Eichhörnchen im Verdacht), vereinzelt auch Baby-Bergahörnchen, alle nicht größer als 10–50 cm.

Unser schmaler Pfad bergab kreuzt dann einen breiteren Weg, der nach links weiterführt. Hier müssen Sie entscheiden, wie es weitergeht. Die Gewissensfrage lautet: Gehören Sie mehr zu den Abenteurernaturen? Oder mehr

Gasleitung, die man überqueren muss

Der „U-Baum". Guckt der? Ein Pferdemaul?

Er steht am Gasleitungsschild auf der Kuppe

zu den Vorsichtigen? Oder sind Sie mit Flip-flops unterwegs? Dann müssen Sie sich hier entscheiden:

Ihnen ist vielleicht schon das gelbe Schild aufgefallen, welches eine Gasleitung anzeigt. Die Abenteurer folgen also hier dem schmalen, wild zugewachsenen Pfad bergab. Sie sehen schon, dass Sie das Bächlein im Tal gleich überqueren müssen, indem Sie über das grün angestrichene dicke Gasrohr balancieren. Schwindelfreiheit ist angesagt. Oder Gummistiefel. Damit könnten Sie auch durch den Bach waten, wenn nicht gerade Hochwasser ist.

Für die nicht so Abenteuerlustigen oder die nicht Schwindelfreien geht es auch ohne Gasleitung. Man folgt an oben genannter Stelle dem Weg, der nach links führt, und kommt nach einer längeren Tour immer rechts herum auf einen breiten Forstweg im Tal, dem man ohne nasse Füße links bis nach Wengern folgen kann, rechts mit nassen Füssen ins feuchte Elbschebachtal.

Ich beschreibe hier den Abenteuerweg in Richtung der Gasleitung. Nach der Überquerung führt der weitere Weg dann steil bergauf. Wenn ich in Begleitung bin, betrachte ich immer äußerst interessiert die Moose am Wegrand. So kann ich beim Anstieg unbemerkt etwas Atem schöpfen. Auf der Kuppe sollten Sie unbedingt nach dem „U-Baum" Ausschau halten. Hat der ein Gesicht? Oder sogar zwei?

Der Weg führt nach der Besteigung der Kuppe durch einen Wald aus **Buchen** und **Lärchen** wieder bergab, auf eine weitere Gasleitung zu. Ab hier sind Sie im Naturschutzgebiet und dürfen nichts mehr sammeln und nicht mehr von den Wegen abweichen.

Diese zweite Gasleitung überqueren wir nicht (erst auf der Rückrunde), sondern gehen links parallel zum Bach durch den Wald auf die Elbsche zu. **Roteichen** dominieren das Bild. An der Elbschewiese bekommen Sie nun spätestens nasse Füsse. Hier sehen Sie vielleicht noch die Reste von **Kugeldisteln** *(Echinops sphaerocephalus)*. Seltsam, dass die hier wachsen, eine wärmeliebende Art, die

26 ∫ *Kräutertour de Ruhr*

oft aus Gärten entspringt. Ich habe sie schon als Kind angestaunt, als ich sie hier vor 45 Jahren entdeckte und eine meiner Mutter mitbrachte, damit die mir sagt, wer diese herrliche Pflanze ist. In Blau! Welch seltene Blütenfarbe bei uns. Dass sie sich hier schon so lange hält, ist ein kleines Wunder.

Die Naturschutzgruppe Witten mäht die Feuchtwiesen im Tal, sonst wären sie schon längst mit Busch und Wald zugewachsen. Die **Erlen, Zitterpappeln** und **Weiden** am Bach bieten ein wunderschönes Bild. Eine Kräuterflut können Sie hier auch entdecken, aber erst ab April.

Das Wasser springt über die Steine und an der Elbsche gluckert, gurgelt, tröpfelt, plätschert und rauscht es. Murmelt da einer? Oder singt gar? Will der Fluss mir etwas sagen? Kein Laut hier von Motoren oder Menschen. Ein Ort zum Meditieren, aber nur, wenn man eine wasserdichte Sitzunterlage dabei hat.

Der weitere Weg elbscheaufwärts führt zwangsläufig vom Wasser weg. Wir dürfen nicht mitten durch die zu-

Bild o.l.:
Elbsche-Romantik im Winter

Bild o.r.:
Reste der Mädesüß-Früchte am Wasser: Hübsche Spiralen!

Kugeldistel, ein Exot auf der Feuchtwiese!

gewachsene Feuchtwiese gehen. Wenn Sie es doch versuchen, kann es sein, dass Sie mit Ihren Stiefeln knietief einsinken und nicht wieder rauskommen. Hier ist eine der seltenen letzten überlebenden wilden Sumpfwiesen im Ruhrgebiet.

Sie folgen also jetzt einem schmalen Weg, der von der Elbsche weg führt, Richtung elbscheaufwärts. Der Weg ist nass, von Pferdehufen zertrampelt. Nach wenigen Metern kommen Sie an einen Zufluss, in dem ein umgestürzter Baum mit gespaltenem Stamm liegt. Vor diesem Stamm gehen Sie links über den Zufluss. Spätestens hier stehen Sie mit halber Stiefelhöhe im Wasser, aber vielleicht sehen Sie den schmalen Trampelpfad schon, der dahinter verläuft, am Fuße eines kleinen Abhanges.

Diesem folgen Sie nur für circa 20 Meter, dann geht es rechts den kleinen Abhang etwa zwei Meter hoch auf einen schmalen, aber trockenen Pfad. Rechts werden Sie flächendeckend von **Adlerfarn** begleitet, links hängt ein über und über mit Moos bewachsener Baum theatralisch schön schräg im Hang. Der Weg führt nach wenigen Metern rechts weiter hoch in den Wald. Dann verliert er sich scheinbar unter dickem Herbstlaub. Rechts von Ihnen müsste sich nun eine Senke befinden und am Ende der Senke drei seelenvoll drein blickende Bäume. Die wollen uns doch was sagen! Scheinen sie doch alle Gesichter zu haben. Und der rechte? Macht einen Pfeil mit seinen Ästen. Er ist also der Wegweiser! Wenn Sie bisher noch keine Gänsehaut an diesem magischen Ort hatten, würde es mich wundern, wenn Sie hier auch noch keine bekämen.

Folgen Sie dem Baumpfeil etwa 100 Meter steil bergauf, dann kommen Sie wieder auf einen breiten Weg, auf dem es rechts weiter geht.

Gespaltener Stamm im Bachlauf. Hier geht es links auf schmalen Pfaden durch ein Bachbett weiter

Der rechte Baum weist den Weg! Gucken die alle? Hainbuchen, ist klar, oder?

Gewachsener Wegweiser

Rechts und links warten Fotomotive, seltsam geformte Bäume, die hier im Naturschutzgebiet endlich einmal ungestört alles zeigen können, was sie gerne möchten. Total vermooste Stämme, Mooskapseln im Puppenstubenformat ... Ein Wald aus knorrigen **Hainbuchen, Birken, Weiden, Buchen, Eichen** und **Bergahorn**-Bäumen. Nun gehen Sie über eine Gasleitung, die Sie noch nicht kennen, und überqueren auf dem schmalen Weg die Hangwiese. Rechts schauen Sie ins Elbschetal, stellen von weitem fest, dass es der **Japanische Knöterich** auch schon bis hierher geschafft hat, und kommen wieder bei einer Gasleitung an, die Ihnen bekannt vorkommen sollte. Von da sind wir gerade zur Elbsche gegangen. Auch hier gehen Sie wieder rechts Richtung Elbsche, folgen aber dann dem Weg links durch alte Roteichenwälder, bis Sie nach einer Durchquerung eines Fichtenforstes auf einen breiten Forstweg stoßen. Hier steht ein Schild „Naturschutzgebiet" und darauf: „Benutzen Sie die Wege nicht als Reitwege!" Das Schild scheinen die Reiter aber nicht zu kennen!

Direkt links geht ein Weg bergan, den nehmen Sie nicht. Für den Rückweg nehmen Sie den, der zehn Meter weiter hinter der Bachüberquerung links hoch führt.

Hier sind zwei Alternativen, falls Sie ab hier noch viel weiter laufen möchten: Folgen Sie dem breiten Forstweg für zwei Kilometer, bis Sie an „Wengern Mühle" (Historisches Gut am Elbschebach, unweit von Altwengern-Zentrum) rauskommen, dann wieder zurück und nach dem halben Rückweg rechts hoch. In einem breiten Bogen kommen Sie durch Wälder wieder am Parkplatz an.

Oder überqueren Sie hier auf dem breiten Forstweg die Elbsche. Dahinter kommen Sie in schöne große Waldgebiete, aber mit der Gefahr, sich zu verlaufen. Am besten haben Sie ein Navi dabei oder merken sich den Weg, denn auf anderen Wegen zurückzukommen geht nur über weite Umwege oder Straßen, da die Elbsche bzw. die ehemalige Bahntrasse kaum überquert werden kann.

Wir gehen nun zurück, den Weg links hoch, hinter der Bachüberquerung. Er führt mäandrierend bergan. Und an toten Bäumen entdecken Sie wie ich vielleicht Pilze, zum Beispiel **Austernseitlinge**. Wussten Sie, dass Pilze Vitamin D liefern? Gerade in der dunklen Jahreszeit eine willkommene Quelle für das Vitamin, das unsere Haut nur bei Sonneneinstrahlung selbst herstellen kann. Im Winter nehmen wir eben die Pilze! Laut

Allerliebste Moose bedecken die alten Bäume

Austernseitlinge

Bild o.l.:
Moose (*Polytrichum commune*) und Minifichten

Bild o.r.:
Harz sammeln, nur mit altem Messer!

Rita Lüder im „Grundkurs Pilzbestimmung" (Wiebelsheim 2008) haben 150 g Frischpilze 80 Prozent des pro Tag benötigten Vitamin D für uns. Bei ihr ist auch nachzulesen, dass gerade der Austernseitling auch noch tumorhemmende und immunstabilisierende Eigenschaften hat. Was für uns im Frühling die Kräuter, sind im Winter die Pilze.

Nun geht es weiter durch Fichtenforste. Ich liebe sie! Es ist so ruhig hier, die weichen Nadeln bilden einen federnden Untergrund, auf dem es viele Moose und Farne gemütlich finden. Schauen Sie einmal aus Schneckenperspektive in den Unterwuchs: Minifichten und Moose, ein Wald für Zwerge.

Fichtenforste, durchaus eine Schönheit!

Am Wegrand fallen die weißen Füße der **Fichten** auf. Das ist ihr selbst gemachtes Universalpflaster aus Harz: Flächendeckende Heilung der Wunden, die die Forst-

32 ∫ *Kräutertour de Ruhr*

So schön ist es an der Elbsche im Sommer

fahrzeuge hier schlagen. Und Wundheilungsharz für uns. Zum Beispiel, um daraus Harzsalbe herzustellen. Nach circa einem Kilometer sind Sie wieder an der Stelle, wo es links runter zur Gasleitung ging. Ab jetzt wissen Sie ja den Weg zurück.

    Diese Wälder waren der Spielplatz und „Mountainbike-Parcours" meiner Kindheit, da ich ganz in der Nähe aufgewachsen bin. Wir haben uns auch damals schon öfter verlaufen. Ich empfehle Ihnen, bei von meiner Strecke abweichenden Touren ein Navi oder einen Kompass dabei zu haben. Oder einen Schlafsack.

    Zu Ihrem Trost: Es taucht immer irgendwo in Wetter-Esborn, Albringhausen, Wengern oder Bommerholz eine Straße auf. Zur Not: Daumen raus.

Tour 2

Wetter/Herdecke: Gut Schede, schöne Wälder und Seeblick

 Von der Straßenecke Wetter Kaiserstraße/Schede bergan Rundweg durch den Wald, parken am Straßenrand.

Schöne Wälder gibt es in Wetter an der Stadtgrenze zu Herdecke um das Gut Schede. Ausgangspunkt der Wanderung ist dort, wo in Wetter die Kaiserstraße in die Straße „Schede" übergeht. Dort können Sie zwischen zwei Routen wählen: Route 1 führt über die Straße Schede, bei der Sie dann eine schöne Sicht auf das alte (private) Gut Schede haben, Route 2 führt über den Fußweg „Ruhrhöhenweg" bis zum Harkorttum mit Blick auf Hagen.

Wir erwandern uns zunächst Route 1. Was die Kräutervielfalt angeht, ist es hier relativ artenarm. Diese Tour eignet sich, wenn man im Winter einfach mal raus muss, Luft schnappen, wilde Wälder durchqueren und etwas Kondition tanken durch leichte Aufstiege.

Die Straße Schede gehen wir links hoch, auch wenn dort „Privatstraße" steht. Es ist eine Route des sauerländischen

Bild u.l.:
Wurzel zwischen Felsen am Straßenrand beim Aufstieg

Bild u.r.:
Fließt die? Hainbuche, wer sonst?

Die Mutter aller Maronen in dieser Gegend

Gebirgsvereins, und Sie werden hier nicht die Einzigen sein. Rechts werden Sie begleitet von zum Teil blanken Felsen mit schöner Schieferschichtung, zwischen die sich die Wurzeln alter Bäume klammern.

Der Wald besteht aus **Berg-** und **Spitzahorn, Buchen** und **Eichen**. Bleiben Sie bei einem Wegabzweig auf der Straße. An einigen Bäumen klettert **Efeu** hoch, im Januar fast das einzige Grün hier. Dann taucht rechts Gut Schede auf, der Weg geht links hinter der Stallung weiter. Gerade an diesem Abzweig können Sie einen uralten **Maronen**baum bewundern mit circa 1,40 m Stammdurchmesser, ein beeindruckendes Schätzchen, dessen Nachkommen

Sie überall in den benachbarten Waldabschnitten antreffen. Er ist aber noch nicht so alt wie gegenüber das hübsche Fachwerkhäuschen. Würden Sie da auch gerne wohnen?

Zur Orientierung: Sie schauen jetzt auf große Weideflächen. Diese umrunden wir einmal komplett. Links fällt Ihnen vielleicht eine **Pappel**allee auf, die einmal als Windschutz für das Gehöft gepflanzt wurde.

Wo die Weide endet und der Wald beginnt, gehen Sie rechts rein, ein kleines Stück bergab auf einem schmalen Weg durch raschelndes Laub. Nach ca. 200 Metern finden Sie auf einem Baum einen Wegweiser, einen winzigen Pfeil, der nach links zeigt, mit einem X. Da gehen Sie nicht rein, denn dann landen Sie auf der Ender Talstraße. Wir gehen nach rechts. Genau an dieser Stelle steht eine junge Marone, im weiteren Wegverlauf noch mehrere. Pflanzen die Eichhörnchen die Maronen für sich? Wie lange lebt so ein Eichhorn? Zehn Jahre circa. Ich denke, Eichhörnchen handeln nach folgendem Spruch:

Indianische Weisheit
Wir denken bei jeder Entscheidung an die siebte der kommenden Generationen. Es ist unsere Aufgabe, dafür zu sorgen, dass die Menschen nach uns, die noch ungeborenen Generationen, eine Welt vorfinden, die nicht schlechter ist als die unsere, und hoffentlich besser.
(Oren Lyons, Häuptling der Onondaga-Nation)

Ersetzen Sie einfach das Wort Mensch durch „Eichhorn". Dann wissen Sie, wie so ein Eichhörnchen tickt. Übrigens denken Eichelhäher genauso.

Links schauen Sie zunächst in eine tiefe Schlucht, rechts werden Sie immer von der Weide begleitet. Nach einigen Metern links am Weg ist ein großer Dachsbau. Natürlich fühlt sich der Dachs hier zu Hause, bei den vielen **Maronen**! Die sind für seinen Winterspeck.

Sie gehen nun leicht bergan, links wurde geholzt, am Wegrand werden Sie von **Ilex** und **Brombeer**büschen begleitet. Auf dem Weg wächst **Nelkenwurz**. Auf der Kuppe gehen Sie auf dem breiten geschotterten Weg rechts weiter. Wo links der halbe Baumstamm als Bank liegt, schauen Sie sich einmal die Aussicht an: Ganz rechts schauen Sie bis nach Witten-Bommern (Wasserturm), in der Mitte in ein Industriegebiet in Wetter-Wengern, links davon nach Grundschöttel und Volmarstein. Am Ende des geschotterten Weges gehen Sie rechts, so dass Sie die Weide jetzt fast komplett umrundet haben. Am linken Wegrand wachsen **Giersch** und **Brennnesseln**, beide Stickstoffanzeiger, vereinzelt auch der **Salbei-Gamander** *(Teucrium scorodonia)*, ein weithin unbekanntes Kraut mit salbeiähnlichen Blättern, das heute in der Heilkunde kaum noch eine Rolle spielt. Sie vermissen die Kräuterlisten, die Sie von meinen anderen Touren kennen? Warum ist es hier so artenarm? Die Gülle ist „schuld". Wo nur Stickstoff unterwegs ist, halten es viele Kräuter nicht aus, denn die Konkurrenz durch **Gras** und **Brennnesseln** ist zu groß. So gibt es leider auch für die Kühe hier auf der Weide keinen Kräutercocktail, sondern ziemlich einseitiges Futter.

Gut Schede

Auf der großen Mauer, die das Gut von hier aus gesehen verdeckt, liegt eine dicke grüne Haube. Das sind die Spitzen riesiger **Efeu**-Sträucher. Efeu wurde in den Alpen in harten Wintern als Notfutter fürs Vieh genommen, aber abgekocht, da er roh giftig ist. Der Name soll von Epheu (Ewigheu) stammen. Vielleicht gab es auch auf diesem Gut eine solche Anwendung.

Wenn Sie nun schon genug gewandert sind oder es im Januar gerade schüttet oder schneit, können Sie auf das Gut zugehen, durch dessen Unterführung hindurch und dann den Weg wieder zurück.

Etwas länger ist der folgende Weg: Auf halber Höhe des absteigenden Schotterweges mit Blick auf Gut Schede geht es links in den Wald. Genau dort steht eine uralte Buche. Hier gehen Sie also rein, dann aber nach zwei Metern rechts auf den kleinen Fußpfad. Der mäandriert nun bergab Richtung Schnodderbach. Hier ist es bei Regen glitschig. Die Fahrspuren sind tief eingeschnitten. Unten überqueren Sie den plätschernden Bach.

Nach 200 Metern kommen Sie an eine Wegkreuzung. Links geht der Weg über den Harkortberg bis zum Herdecker Krankenhaus. Geradeaus geht der Weg zum Har-

Rippenfarn
(Blechnum spicant)

kortberg an die Felskante mit Blick auf den Harkortsee. Wir gehen aber rechts zum Ausgangspunkt zurück, begleitet rechts vom Schnodderbach, der in einem tiefen Tal dahinplätschert. Am Wegrand Gebüsch und **Sauerklee**, Moos *(Polytrichum commune)*, **Wald-Frauen-Farn** *(Athyrium flilx-femina)* und **Rippenfarn** *(Blechnum spicant)*. Vielleicht erkennen Sie auch jetzt im Januar noch, dass letzterer zwei verschiedene Wedelsorten hat: einen schön geordneten grünen (Rosette) und einen schmächtig aussehenden, an dem die Sporen hingen.

Seltsames am Wegrand

Der Weg ist immer wieder mit kleinen Geröllsteinen bedeckt, was man aber unter dem dicken Laub nicht sieht, also gehen Sie bitte vorsichtig. Rechts und links sehen Sie umgestürzte Bäume, Totholz allerorten. Im Herbst ist hier ein Pilzparadies.

Fast unten angekommen, sind Sie endlich auf Bachniveau. Im Frühjahr blüht hier das goldgelbe **Milzkraut** (**Gold-Milzkraut**, *Chrysosplenium alternifolium*). Dazwischen eine Walderdbeere. Nein, doch nicht! Gelbe Blüte. Wieder die **Indische Scheinerdbeere** *(Duchesnea indica)*, ein Einwanderer, der sich hier rasend schnell ausgebreitet hat. Er darf komplett gegessen werden.

Links an einer Felswand mit einer Ebene davor könnte eine hübsche Ecke sein, wenn die Stadt sie nicht als Komposthaufen benutzen würde. Schade, dass man dem Waldeingang hier nicht ein schöneres Ambiente verleiht, ist doch der dahinter liegende Wald so schön! Da liegt noch ein alter Baumstumpf von einer **Blutbuche** aus Wetter, die vom **Lackporling** befallen war. Die Pilze können Sie immer noch unter dem Wurzelstumpf bewundern.

Variante 2 der Touren hier führt auf den Harkortberg. Sie gehen von unten am Schnodderbach hoch bis zu einer Wegkreuzung und dort nach rechts. Sie können sich, auf dem Gipfel angekommen, immer rechts halten, bis Sie den Höhenweg erreichen, von dem aus Sie den Harkortsee se-

Harkortturm

Blick vom Harkortberg auf den Harkortsee

hen können. Der Felsabsturz runter zum See ist sehenswert, schon wegen der beeindruckenden alten Baumgestalten, die sich dort an die Felsen klammern. Sie können sich hier an eine dicke Wurzel oder auf eine Bank an der Aussichtsplattform setzen und den Blick auf den See, Schloss Werdringen und den Campingplatz genießen. Aber wir sind ja im Ruhrgebiet. Und da trifft oft genug die schönste Natur auf Industrie. So sieht man eben auch das Hagener Industriegebiet.

Wenn Sie in Richtung Wetter nun zurückgehen, können Sie immer wieder die tolle Aussicht auf den Hengsteysee genießen. An der Straße „Am Waldrand" finden sich massenhaft Kräuter für den Salat: **Giersch, Miere, Löwenzahn** und **Gänsedistel.**

Durch die Stadt geht es abwärts zurück Richtung Ausgangspunkt. Dort kommen Sie am Café Bonheur, Kaiserstraße 51, vorbei, in dem Sie ein herrliches Jugendstilambiente mit phantastischem selbst gebackenem Kuchen genießen können. Schauen Sie doch einmal im Frühling hier

Kräutertour de Ruhr

Sie wundern sich, was dieses Bild hier im Januar bedeuten soll? Es wurde Ende November 2014 aufgenommen, gegenüber der Straßeneinmündung Schede, welch Wunder!

Schnodderbach, im Winter nur mit Moosen und Farnen

vorbei. Dann werden Sie nicht umhin können, die weiß-rosa blühende große **Magnolie** im Garten zu bewundern. Probieren Sie doch einmal die Blüten. Man darf sie in den Salat geben, den Nachtisch damit dekorieren, sich an dem knackigen süß-herben Geschmack freuen und seinen Liebsten zum Probieren anbieten.

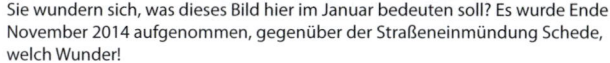

Leckere Magnolienblüten, leider erst im April, vor Café Bonheur

„Snowdrops" mit Nascherei für Ameisen!

Februar

Spontan-Salat in Hattingen-City und erste Naschereien

Letztes Jahr im Februar (erinnern Sie sich an den nahezu schneefreien Winter 2014?) war ich beim Stadtspiegel Hattingen, um mein Buch vorzustellen. Auf dem Weg durch den kleinen Stadtpark (Bredenscheider Straße/ Schulstraße) dachte ich, ich nehme der Redakteurin einen Blumenstrauß mit! Und so kam es auch: Dort blühten mit lila Blüten die **Gefleckte Taubnessel** *(Lamium maculatum)*, in Gelb die **Gänsedistel** und **Schöllkraut!** Alles im Hattinger Stadtpark, mitten in der Stadt, im Februar, unter Schnee! Und? Sie hat herzhaft reingebissen, nicht ins Schöllkraut natürlich, denn das ist ja giftig und nur äußerlich gegen Warzen zu gebrauchen.

Was ich damit sagen wollte: Die Kapitel in Kräuterbüchern: „Herrliche Frühlingssalate" sind auch schon im Februar gültig.

Auf dem Heimweg begegnete mir die frischeste und saftigste **Vogelmiere** der Welt. Verschneit und bereift, ein für Ästheten durch und durch erhebender Anblick! Und für

Bild u.l.: Gänsedistel, hier im Sommer. Man kann gut die glänzenden Blätter erkennen, die kleine Stacheln zu haben scheinen. Sie pieksen nicht und schmecken knackig.

Bild u.r.: Verschneite Vogelmiere

Verzuckerte Rote Taubnessel am Kemnader Stausee

die Geschmacksknospen: mit dem ureigenen Vogelmiere-Geschmack. Kann es etwas Besseres geben?

Ansonsten ist der Februar mehr grau als grün. Es erfreuen uns aber schon die „snowdrops" (englisches Wort für **Schneeglöckchen**), die aber nicht zu ernten sind, denn leider sind sie giftig. Früher trug der junge Liebende sie bei sich und hoffte durch ihre Zauberkraft auf die Gegenliebe seiner Angebeteten. Die Schneeglöckchen haben nichts für uns, aber für ihre geliebten Ameisen: Für die haben sie extra ein kleines Zuckerstückchen an ihren Samen befestigt. Schauen Sie später mal nach. Für Ameisen zum Naschen im Schnee!

Bild u.l.: So muss ein Brot aussehen: Vogelmiere-Brot

Bild u.r.: Morgens in Witten-Stockum

Winter-Stimmung in Essen an der Ruhr

Zu meinen ersten kulinarischen Delikatessen im Februar gehören auch immer die **Huflattich**stängel. Sie sind knackig, saftig und leicht herb-süß. Das sollten Sie unbedingt probieren. Meist wachsen sie überall an den Weg- und Straßenrändern, in Wäldern und an der Ruhr. Auch die **Rote Taubnessel** ist schon für uns da. Der Schnee und der Raureif sind ihr völlig egal. Sie macht die Blüte doch extra für uns! Damit wir schon was Buntes zum Naschen haben. Und etwas Zucker in der Blüte.

Und für die Optik? Gibt es im Februar die Sonnenaufgänge!

Tour 3

Witten: Muttental mit Baumgesichtern und Elfenwiesen

ⓘ Muttental, Wanderparkplatz, ca. 500 Meter hinter Haus Rauendahl, hinter dem Haus Rauendahlstraße 126, in den sogenannten Sieben Kurven.
Nach dem Ausflug Kaffee und Schmandkuchen in Haus Rauendahl genießen. (Nur wenn Sie dort direkt einkehren, dürfen Sie auch auf dem Restaurant-Parkplatz parken!)

Über tiefe Schlaglöcher an der Zufahrt ist Ihr Auto nun hoffentlich heil am Waldparkplatz angekommen. Ein Wanderweg führt auf gleicher Höhe in den Wald. Den nehmen wir nicht, sondern den schmalen, der rechts steil bergab führt. Hier begegnen einem im Frühling und Sommer **Hexenkraut** und **Nelkenwurz** in Mengen und verschiedene **Farne**. Jetzt gehen wir rechts bergab bis zum Bächlein „Mutte" und überqueren es.

Machen Sie nach der Bachüberquerung einen kurzen Abstecher nach rechts, Richtung Rauendahlstraße. Hier kommen Sie nach wenigen Minuten zu der 200 Jahre alten **Eiche**, die „den Ort hütet". So sagt es jedenfalls Reiner Padligur, ein Geomant und Vermessungstechniker aus Witten, der in NRW Führungen zu heiligen Orten anbietet. Und einer davon ist eben hier, im Muttental.

Hinter der beeindruckenden **Eiche** liegt das Restaurant Haus Rauendahl.

Ein kurzer Gang lohnt weiter zum Parkplatz von Haus Rauendahl. Wenn Sie von der Straße auf den Parkplatz kommen, fallen Ihnen vielleicht rechts davon am Straßenrand einige uralte knorrige **Hainbuchen** auf. Eine davon

Dieser Hirsch steht auf dem Parkplatz von Haus Rauendahl

Die 200-jährige Eiche, Blick auf Haus Rauendahl

bildet einen Hirschkopf. Aber der Baum beherbergt noch mehr Tiere. Fragen Sie am besten Ihre Kinder. Die sehen noch viel mehr als die Erwachsenen!

Nun gehen Sie denselben Weg wieder zurück. Der gerade breite Weg, dem Sie jetzt circa einen Kilometer weit folgen, ist meiner Meinung nach der schönste im ganzen Muttental, genau diese Strecke zwischen Haus Rauendahl und dem Bethaus. Hier begegnen Ihnen beeindruckende alte **Buchen,** knorrige Hainbuchen und saftige, feuchte Wiesen am Muttenbach, die zu einem Picknick einladen. Achten Sie unbedingt auf die Bäume am LINKEN Wegrand. Hier ist eine maximale Dichte an Gesichtern in den Bäumen zu erkennen. Viele Bäume verwachsen miteinander oder legen sich waagerecht. Vielleicht für uns zum Meditieren?

Bild l.:
Wer liebt hier wen? Neben der Muttereiche

Bild r.:
Hier steht auch eine Schwarzerle. Die war im Jahr 2013 durch Forstarbeiten verletzt worden und blutete rot!

Dort, wo Sie links von einem kleinen Hohlweg begleitet werden, stehen links auf der Anhöhe besondere Bäume mit Tiergesichtern. Dahinter ist der schönste Platz des ganzen Muttentales, die alte Eiche am Bach. Als ich hier einmal mit dem WDR unterwegs war, um einen Kräuterfilm zu drehen, wollte die Kamerafrau gar nicht mehr weg

Der schönste Platz im Muttental

Hogwarts im Muttental!

von diesem Baum und filmte und filmte: Immer wieder die Äste, den Baum, den Bach …

Dort war früher schon die Tränke für die Pferde, die hier die Kohlenloren gezogen haben. Sie ist heute Tränke für die Tiere vom benachbarten Ponyhof. Gegenüber haben sich drei Bäume zu einer freundlichen Skulptur verbunden, so ganz ohne Vorurteile gegen andere Arten! Zwei **Hainbuchen** küssen eine Weide.

Wir gehen gleich den geraden Weg von eben weiter, machen aber jetzt noch einen Mini-Abstecher: Gehen Sie hier an der alten Eiche den breiten Weg über den Bach und schauen Sie nach ca. 20 Metern den Hang am linken Wegrand hinter der Bank hoch: Hainbuchen-Wurzeln wie aus Harry Potters Hogwarts lassen Sie erschauern!

Gehen Sie nun wieder zurück auf den ursprünglichen breiten geraden Weg und folgen Sie ihm. Links werden Sie von fruchtbaren Wiesen begleitet. Hier habe ich schon einmal mit Botanikfreundinnen ein regelrechtes „Gelage" veranstaltet. Wir haben die Kräuter der Wiese gesammelt und direkt vor Ort in einen vorgefertigten Salat (Tomaten, Paprika, Schafskäse, Haselnüsse, Öl) gegeben und verspeist. Stellen Sie sich vor: Zehn Frauen beim Kräuterschnibbeln, viel Gelächter und die Frage, wie viele Liebeskräuter wir reingeben sollen und ob unsere Männer das abends mit uns aushalten oder ob wir die Liebeskräuter (**Bärenklau, Nelkenwurz, Stinkender Storchschnabel**) besser mit nach Hause nehmen und IHM in den Salat mischen. Eine Frau mochte den **Beinwell** nicht, weil er zu behaart war. Frage der anderen: Magst du auch keine behaarten Männer? Nun, die Antwort kann ich hier natürlich nicht wiedergeben, weil ich nicht weiß, ob ER es liest. Aber es entbrannte eine Diskussion um die Tastempfindungen: Kletten-Labkraut ist einigen zu klettig, Breit-Wegerich einigen zu faserig, zerkaute Springkrautblüten zu glibberig … Eine Psychologin nun deutete für jede Frau daraus die Bedeutung für ihr Liebesleben. Mit einem Wort: Eine äußerst unterhaltsame Veranstaltung! Zu all den haarigen und nichthaarigen Blättern gab es mitgebrachten Minzetee und Baguette und zum Nachtisch selbst gemachten Holunderlikör.

Auf den Wiesen wächst in Mengen **Bärenklau** und **Spitzwegerich** als „Neutralsalat" (Anfängergeschmack, man könnte auch sagen, eigentlich schmecken die nach nichts), die **Vogelmiere** als Vitamin-C-Bömbchen mit einer würzigen Note, **Kleeblätter** als Eiweißlieferant und **Sauerampfer** als Essigersatz. Essig Nummer zwei hatten wir schon vorher am Wegrand gepflückt, den **Sauerklee**. Seine weißen Blüten kamen als Deko obendrauf.

Am Wasser wächst im Sommer auch das **Mädesüß**, das **Drüsige Springkraut** und an einer Stelle sogar die seltene **Gauklerblume** (*Mimulus guttatus*).

Bild l.:
Elfenauge vor Zechenhaus Herberholz

Bild r.:
Diese Kuh stand noch bis vor kurzem am Bethaus. Dies ist eine Würdigung posthum ...

Der weitere Verlauf des Weges führt am Zechenhaus Herberholz vorbei. Am rechten Wegrand kann man in Mengen meine **Taubnessel**-Lieblinge finden, dazu **Giersch** und auch das **Schöllkraut**, dessen gelber Milchsaft die Warzen verschwinden lässt, wenn man ihn auftupft.

An einigen Sonntagen kann man auch hier zum Kaffee einkehren. Beachten Sie unbedingt die **Hainbuchen** am linken Wegrand vor Haus Herberholz. Da sind welche mit „Elfenaugen" dabei, also mit einer Verwachsung von zwei dicken Ästen, die in der Mitte ein Loch frei lassen. Sagte ich schon, dass es Glück bringt, wenn man sich da hindurch die Hand reicht? Und dass Hainbuchen genau deshalb meine Lieblinge sind?

Nach weiteren 200 Metern erreichen Sie rechts das alte Bethaus der Bergleute, vor dem leider mittlerweile ein Kahlschlag dem ganzen Areal ein wildes Aussehen verleiht. Bis 2014 standen hier noch beeindruckend schöne Balsampappeln, die aber wegen Instabilität leider gefällt werden mussten. Von den abgesägten Ästen habe ich damals die Knospen gesammelt und eine Heilsalbe daraus hergestellt, deren Duft so unbeschreiblich lieblich ist, dass

Februar – Tour 3

Das alte Bethaus der Bergleute, Museum und Café

Huflattichblüten

ich sie ständig benutze, auch wenn ich gar keine „Heil"-Salbe brauche.

Folgen Sie dem Weg nun weiter. An der Straßenkreuzung gehen Sie weiter auf der Straße geradeaus. Nach weiteren ca. 300 Metern werfen Sie einen Blick nach rechts, oben an die Steilkante. Dort ist ein schwarzes Band im Fels zu erkennen, ein Kohleflöz. Daneben einige **Eichen**, die sich dramatisch in die Felswand klammern. Beachten Sie auch die Eichen, die gerade hier als Allee die Straße säumen. Sie neigen sich alle ganz seltsam zu einer Seite!

Nach der Rechtskurve der Straße und weiteren 300 Metern kommen Sie bei der Zeche Nachtigall an. Hier könnte man einkehren, bzw. im Biergarten sitzen. Von hier aus führt der Radweg nach links zur Fähre über die Ruhr und (ohne Fähre) diesseits der Ruhr zur Burgruine Hardenstein. Der Radweg dahin ist leider schnurgerade und langweilig. Bis auf die Ränder: Links ein Steilhang mit alten Bäumen, rechts Tümpel und dahinter die Ruhr. Rund um Hardenstein erwarten Sie allerdings die schönsten alten Buchenwälder! Von dort führen Wege links herum in die Nähe des Bethauses zurück.

Ehemalige Heilkräuter-Idylle am Bahnhof des Museumszuges, bevor das Roundup kam

Oder folgen Sie der Straße an der Zeche Nachtigall weiter rechts rum. Dort, wo Sie links die Ruhr sehen, ist auch eine Anlegestelle des Ausflugschiffes Schwalbe. Nach etwa 200 Metern führt rechts ein Fußweg in ein Wäldchen von der Straße weg. Dort gelangen Sie nach weiteren 200 Metern zur Haltestelle des Museumszuges und danach zum Feldbahnmuseum. Dieses Areal war bis vor kurzem ein botanisches Eldorado. Genau gegenüber der Zug-Haltestelle hat die Naturschutzgruppe Witten eine kleine Station.

Auf einem toten Gleis neben den Museumszuggleisen wuchsen hier **Wilde Karde, Färberkamille, Fuchsschwanzarten, Hirse** (da hatte wohl mal jemand Vogelfutter hinge-

Gierschmahlzeit im Februar am Wegrand!

kippt, was sich immer wieder selbst ausgesät hatte), **Nachtkerzen, Natternkopf, Königskerzen, Beinwell, Habichtskräuter** und viele andere bunte und interessante Pflanzen. Leider alle tot. Mit Roundup weggespritzt. Gesetzlich ist es wohl vorgeschrieben, die Schienen komplett von Grünzeug zu befreien, wenn auch nur die geringste Bewegung eines Schienenfahrzeuges dort stattfindet. Das bekam ich als Antwort auf meine Anfrage bei der Bahn. Auf einem toten Gleis! Ich hätte heulen können. Bei der nächsten Tour dort habe ich gesehen, dass einige der Kräuter wieder da sind, leider nur zum Gucken, da eben gifthaltig …

Sie passieren nach weiteren 200 Metern das Feldbahnmuseum. Links davon gelangen Sie auf den Ruhrradweg, der, wenn Sie mögen, auf gerader Strecke nach Wetter führt. Wir gehen die Nachtigallstraße weiter bis zum großen Parkplatz (etwa bei Haus Nachtigallstraße 27). Dieser lohnt im Frühling einen Besuch, denn hier ist auf den Grünflächen in der Parkplatzmitte mit der Verlegung von

Ein Bild vom Sommer: In Gelb das Echte Labkraut, mit dem in England der Cheddar-Käse gefärbt wird. Dahinter in Weiß das Taubenkropf-Leimkraut. Parkplatz Nachtigallstraße

Kräutertour de Ruhr

kalkhaltigem Gestein und einer Pflanzung ein Trockenrasen angelegt, der schon seit Jahren seinem Namen alle Ehre macht. Er ist tatsächlich von der Kräuterzusammensetzung her von einem „echten" Trockenrasen, den man als Pflanzenformation nur auf Kalk findet, kaum zu unterscheiden. Eine herrliche Kräuterkombination, um nicht zu sagen: Bienenweide, Apotheke, Augenschmaus ... Der nächste „echte" wäre in Iserlohn.

Bitte nichts pflücken!! Das Areal ist doch sehr klein und die Bienen freuen sich drauf, dass sie hier JEDES Jahr wieder diese tolle Blütenfülle finden. Ich finde es herrlich, dass sich diese tolle Blumenwiese seit Jahren so schön hält. Das liegt auch daran, dass sie zwei Mal im Jahr gemäht wird.

Hier darf man ab Mai also unter anderem bewundern: **Buddleja, Wundklee, Hornklee, Wilden Dost, Wiesen-Salbei, Taubenkropf-Leimkraut, Nickendes Leimkraut, Echtes Labkraut, Moschusmalve, Karthäusernelke** und **Kleinen Wiesenknopf.**

Vom Parkplatz aus geht scharf rechts eine Straße hoch zum Schloss Steinhausen. Das könnte Ihr Rückweg sein. Hinter dem Schloss führt rechts der Fußweg weiter an Steinmauern mit herrlichem Efeu vorbei, an Feldern und **Brombeer**hecken, die im Herbst eine lohnende Ernte liefern. Sie kommen nach circa einem Kilometer unten an einer Kreuzung in der Nähe des Bethauses raus.

Als Alternative können Sie am Schloss links gehen, zunächst an Feldern vorbei. Schauen Sie sich unbedingt um und genießen Sie den herrlichen Blick über ganz Witten! Über den Pferdehof geht es geradeaus weiter, durch den alten **Buchen**wald. Auch danach kommen Sie wieder in der Nähe des Bethauses raus.

Es gibt noch viele weitere Wege durch das schöne Muttental. Alle sind lohnend und alle führen durch alte **Buchen**wälder, in denen sich im Frühling **Hexenkraut** und **Nelkenwurz, Taubnesseln** und **Stinkender Storchschna-**

Bild Seite 57:
Hexenhand

bel finden lassen und im Herbst **Haselnüsse** und **Pilze**. An einigen Stellen finden Sie seltene Baumarten. Stellenweise sind die Wege direkt am Wegrand mit **Graupappel**- oder **Grauerlen**-Reihen bestückt. Die **Graupappel**blätter fallen auf dem Weg auf: Massenhaft Blätter mit weißer Blattunterseite! Stellenweise gibt es **Amerikanische Roteichen**. Eine gigantische Hexenhand finden Sie, wenn Sie vom Parkplatz Berghauser Str (300 m oberhalb Muttentalstraße) links runter am Waldrand einen schmalen Fußweg parallel zur Straße gehen nach ca. 400 auf der rechten Seite.

Begleitet werden Sie die ganze Zeit von bergbauhistorischen Stätten, wo Sie sich über die Kohleförderung aus alten Zeiten informieren können. Schließlich ist hier nicht nur der schönste Ort Wittens, sondern auch die „Wiege des Ruhrbergbaus". Haben Sie gemerkt, dass dies eins meiner Lieblingsziele ist?

So schön ist es dort im Sommer

Kräutertour de Ruhr

Tour 4

Bochum: Steinbruch mit Stahlspuckern und Baumküssen

ⓘ Bochum, Im Lottental 44, parken am Straßenrand neben der Zufahrt zur Grünen Schule. Kleiner Rundgang durch den Buchenwald am Hang

Gehen Sie den Wanderweg in Richtung Wald und blicken Sie zuerst links auf den schönen Teich. Freundlicherweise steht dort eine Bank. Noch schöner aber ist die **Hainbuche**, die ihre Äste hinter der Bank extra so hinlegt, dass nicht nur Kinder darauf sitzen können.

Am Wegrand in Richtung Wald steht links eine Reihe ehrwürdiger knorriger Hainbuchen. Sollten Sie den Weg mit Kindern gehen, fragen Sie diese unbedingt danach, welche Bäume sich küssen! Ja wirklich! Sie umarmen und küssen sich genüsslich und sind zum Teil total miteinander verwachsen! Finden Sie unbedingt mindestens fünf! Wissen Sie jetzt schon, welchen Lieblingsbaum ich habe?

Möchten Sie gerne etwas für Ihre Kondition tun? Dann können Sie ab jetzt rechts immer den Berg hoch am Zaun entlang gehen, der den Steinbruch der ehemaligen Zeche Klosterbusch umgibt. Sie kommen unweigerlich zur Ober-

Bild u.l.: „Elfenauge"

Bild u.r.: Seltsam

Kräutertour de Ruhr

kante des Steinbruchs. Falls Sie nicht ganz so mit Kondition gesegnet sind, können Sie statt des Zaunpfades auch den nächsten Weg nehmen, der rechts hoch führt. Auch der landet auf dem Gipfel. Hier erwartet Sie eine schöne Aussicht auf alte Bäume am Abhang und viele seltsame „Stahlspucker".

Beim Aufstieg werden Ihnen die baumgroßen **Ilex**-Sträucher auffallen. Wussten Sie, dass diese geschützt sind? Aber auch aus einem anderen Grund dürfen Sie die Beeren nicht pflücken! Sie sind tödlich giftig und nur für die Vögel im Winter gemacht! Es gibt übrigens männliche und weibliche Ilexpflanzen und nur die weiblichen machen Beeren. Vielleicht hören Sie ja aus den Sträuchern ein Zwitschern. Die Ilexe sind auch dazu da, damit die Vögel im Winter in den stacheligen Sträuchern unbehelligt von Räubern überleben können.

Auf dem Gipfel haben Sie nun mehrere Möglichkeiten, durch die schönen alten **Buchen**wälder wieder zum Ausgangspunkt zurückzukommen. Entweder gehen Sie am Zaun immer rechts herum weiter bergab und landen dann auf der Straße „Im Lottental" und dann nach einem Kilometer wieder am Ausgangspunkt. Alternativ gehen Sie links herum den Waldweg hinunter und kommen dann neben der Uni Bochum in der Nähe des Botanischen Gartens raus. Haben Sie noch Lust, mehr zu sehen? Dann machen Sie doch einen Abstecher in den Botanischen Garten. Die Gewächshäuser lohnen auch im Februar einen Besuch. Die Gartentour ist im September beschrieben.

Bild o.l.: Guckt der? Am Aufstieg neben dem Zaun

Bild o.r.: Stahlspucker auf dem Gipfel

Die Küssenden am Baumgesichterweg

März

Kräuter für Anfänger am Kemnader See und Frühlings-Blütenzauber

Im März 2014 war es schon sommerlich warm. Der Winter war komplett ausgefallen, zumindest im Ruhrgebiet, und so lockte schon ab Anfang März eine wilde Blumenpracht in den Wäldern und auf den Wiesen. Eine ideale Zeit, sich als Anfänger mit den ersten Kräutern bekannt zu machen. Noch wird man nicht von der Reizüberflutung heimgesucht, die einen schon ab April zum Beispiel an den Ruhrufern in Herdecke, Bochum-Stiepel, Duisburg oder Essen oder an der Zeche Nachtigall in Witten überfällt.

Bei meiner ersten Sonnenwanderung am Kemnader See begegneten mir wenige blühende Kräuter, die dafür aber in großer Menge. Hier können Anfänger sich mit den ersten Kostproben anfreunden, denn alle dürfen Sie ungestraft in Mengen genießen. Die **Weißen** und **Roten Taubnesseln** blühen fast das ganze Jahr über und gehören mit ihrer Saftigkeit zu meinen Lieblingen. Besonders für Anfänger geeignet, da ziemlich geschmacksneutral. Krautanfänger sind immer erstaunt über die vielen gewöhnungsbedürftigen (so sagen sie) Geschmäcker: unbekannt, scharf, bitter, würzig, senfig, „grün"! Taubnesseln können samt Stängeln, Blättern und Blüten in den Salat. Das wurde mir erst bewusst, als ich einmal mit einer Gruppe in Essen im Bootshaus Ruhreck Kräutersalat essen wollte. Wir hatten gesammelt und die Köche uns daraus den Salat zubereitet. Sie hatten die gesamten Taubnesseln-Pflanzen in je vier Teile geschnitten (nicht Blätter und Blüten abgezupft) und uns so die kompletten Stängelstücke serviert. Sah irgendwie stylisch aus. „Ob die Teilnehmer das

Bild Seite 60:
Krokusse

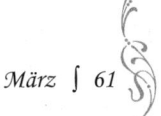

Die Rote Taubnessel, ideale Blütchen für die Salatdeko

Bild u.l.:
Die Vogelmiere, Vitaminfülle und knackiges Salatkraut. Typisch: Blüte mit fünf weißen Blütenblättern, elastischer Stängel, am Stängel verläuft von oben nach unten EINE Haarleiste

Bild u.r.:
Weiße Taubnessel, eine Schönheit!

wohl so essen?", dachte ich. Es war köstlich! Und vielleicht hatten die Köche einfach auch schon mal Taubnesseln gegessen und wussten das. **Taubnesseln** lasse ich mir nie entgehen, nicht die roten und gefleckten (größere Blüten und Blätter als bei der roten, ebenfalls rote Blüten) und nicht die weißen. Da noch nicht viel mehr blüht, können Anfänger im März am Stausee die **Taubnesseln** kennen lernen. Die Blätter sehen aus wie die von Brennnesseln, brennen aber nicht. Die Blüten sind um den vierkantigen Stängel angeordnet. Jede Blüte hat eine Ober- und eine Unterlippe. Zupfen Sie einmal die Blüten heraus und sau-

gen Sie an dem Kelch. Oft ist noch ein Tröpfchen Honig drin!

Neben den Taubnesseln finden sich **Ehrenpreis**-Arten mit kleinen himmelblauen Blüten. Diese sind leicht bitter und dürfen in kleiner Menge in den Salat. Wer mehr schafft, dürfte keine Hautprobleme mehr haben. Deshalb „Ehrenpreis". Hat einen König mal von seinen Hautleiden befreit. So die alte Geschichte.

Außerdem ist in saftigen großen Beständen noch das Vitamin-C-reiche Frühlingskraut zu finden, auf das sich auch die Vögel stürzen: die **Vogelmiere**.

Daneben grüßen die **Weiden** in Gelb. Mal wieder Zeit, über unsere Beziehungen nachzudenken, denn bei Weiden halten es Mann und Frau nicht auf demselben Baum aus: Es gibt männliche und weibliche Weidenbäume. Ich kann mich nicht entscheiden, welche ich schöner finde.

Ansonsten bringt der März uns schon überall den schönsten Blütenzauber: in den Blumentöpfen oder vom letzten Jahr ausgesät schon die essbaren **Stiefmütterchen**. Sie schmecken wie Veilchen, die man übrigens auch im

Der Persische Ehrenpreis, ein Blättchen als Bitterkraut und zum Entgiften, die Blütchen als Deko auf den Nachtisch. Blau! Oh!

Bild o.l.:
Weidenblüten.
Dies ist der Mann.

Bild o.r.:
Weibliche Weidenkätzchen sehen etwas vornehmer aus.

Bild Seite 65 u.:
Scharbockskraut.
Die Blättchen darf man nur essen, solange es noch nicht blüht.

März schon am Wegrand findet. Probieren Sie aber besser nur, wenn die aus Bio-Anbau sind. Die Massenware aus Holland ist verseucht.

Die **Goldglöckchen** *(Forsythie)* findet man auch schon in Blüte überall in Städten und Vorgärten. Leider nichts zum Essen. Und die **Schneeglöckchen** im Rasen sind für die Ameisen. Solange die meinen Rasen bevölkern, mähe ich nicht. Erstens weil ich Ameisen liebe, und zweitens, weil ich möchte, dass die Schneeglöckchen so viel Kraft sammeln, dass sie mit vielen neuen Knollen dann Nachkommen zeugen und mir demnächst dort einen flächendeckenden weißen Wald liefern.

In feuchten Wiesen und flächendeckend an Bächen und in Wäldern findet man auch schon das **Scharbockskraut** mit seinen glänzenden Blättchen. Diese nahm man früher gern als erste Vitamin-C-Quelle nach dem Winter. Wenn die gelben Blütchen da sind, sollten Sie nichts mehr davon essen. Es gehört zur Familie der Hahnenfußgewächse, dessen gesamte andere Vertreter als ungenießbar oder giftig gelten.

Kräutertour de Ruhr

Goldglöckchen am Ruhrradweg

Mein Moosrasen mit Schneeglöckchen

Tour 5

Hattingen: Ruhrauen mit stacheligen Karden und Frühlingskräutern

ⓘ Parkplatz Landhaus Grum, Ruhrdeich 6–8, von dort den Ruhrtalradweg ruhrabwärts wandern und wieder zurück, danach Kaffee und Kuchen im Landhaus Grum

Vom Landhaus Grum aus gehen Sie um die kleine Lagune herum. Dort finden Sie am breiten gepflasterten Weg am Rand **Traubenkirschen** und **Mirabellen**bäume, die im Frühjahr wegen der schönen weißen Blüten, im August wegen der Früchte einen Besuch lohnen.

An der Bruchsteinmauer am Hang, kurz bevor man durch das Tor zur Birschel Mühle geht, wachsen kleine **Streifenfarne**. Ich finde sie so schön wie auch manche Hobbygärtner, die sie als Zierpflanzen an die Mauern ihrer Gärten pflanzen. Daneben wächst das „**Mauerblümchen**" oder **Zymbelkraut** *(Cymbalaria muralis)*, die kleinste und hübscheste Verwandte des Löwenmäulchens, mit zart gelb-lila-weißen Blütchen, allerliebst, wirklich! Ludwig Bechstein, der uns so viele Märchen überliefert hat, schrieb über das Pflänzchen:

„*Niedliche Pflanze,
du kleidest der alten Ruinen Gemäuer,
rankend hinab und hinauf,
blühst du einsam für dich.*"

Wenn Sie nun begeistert sind, dürfen Sie die Pflanze auch essen. Eine leichte Würze und Schärfe wird Sie dabei erfreuen.

Mauerblümchen, „kleidet der Ruinen Gemäuer"

Direkt neben dem Altenheim mit Blick zum Ruhrwehr findet sich (allerdings erst ab Mai) in Mengen das **Seifenkraut**, welches mit Wasser Schaum bildet und tatsächlich für Shampoo und Seife verwendet werden kann. Die Blüten duften auch noch gut! Sollten Sie also (ab Mai) Ihre Hände hier spontan waschen müssen, pflücken Sie ein paar Blütchen oder Blättchen und schäumen Sie die mit Ruhrwasser auf. Um Wäsche, Wolle oder Haare damit zu waschen, nehmen Sie besser die klein geschnittenen Wurzeln des Seifenkrautes, kochen diese mit wenig Wasser 30 Minuten auf und benutzen diese Mischung als Shampoo oder Waschmittel. Aber nicht hier sammeln oder ausgraben! Die Bienen freuen

Seifenkraut (blüht ab Juni)

März – Tour 5 ∫ 67

Geschnittene Kardenwurzel

Gänsefingerkraut, wächst massenhaft an der Lagune. Die Unterseite der Blätter ist silbrig behaart. Gänse lieben es!

Kein Ginseng! Kardenwurzel

„Kardätsche", Fruchtstand der Wilden Karde. Damit könnte man Wolle oder Haare kämmen.

Bild Seite 69:
Wilde Karde

sich auf die Nascherei, die Spaziergänger auf die rosafarbenen Blüten. Setzen Sie sich am besten eine in den Garten. (Bezugsquellen für Wildkräuter im Anhang.)

Auf dem weiteren Weg können Sie unter der großen Ruhr-Brücke massenweise **Karden** finden. Die sind mit

Kräutertour de Ruhr

Pestwurzblüte

Baumaterial und angelieferter Erde gekommen, als dort ein Beet mit neuen Bäumen und Sträuchern angelegt wurde. Deren Wurzeln werden zu einer Tinktur gegen Borreliose verwendet. (100 g gereinigte, klein geschnittene frische Wurzeln in 500 ml Wodka legen, müssen komplett bedeckt sein, drei Wochen stehen lassen, abgießen, in dunkle Fläschchen füllen. Täglich 3 x 5 Tropfen, nach Wolf-Dieter Storl aus dem Buch „Borreliose natürlich heilen"). In meiner Notfalldrogerie („Ich bin in der Wildnis verloren gegangen") spielt der vertrocknete Karden-Blütenstand auch als Not-Haarbürste eine Rolle. Nicht umsonst wurde früher damit die Wolle gekämmt. Vielleicht kennen Sie den Begriff „Kardätsche".

Im weiteren Verlauf entlang des Radweges begegnen einem Kühe, **Seerosen**, **Weißdorn**, **Pestwurz** und allerlei essbare Kräuter. Der kulinarische Spaziergang an der Ruhr im Juli hier lohnt unbedingt. Er ist ausführlich in „Paradies in Grün – Wilde Kräutergeschichten aus dem Ruhrgebiet" beschrieben.

> **Folgende Pflanzen kann man hier finden, einige davon aber erst im Sommer:**
>
> Rund um die Birschel-Mühle findet man unter anderem massenhaft **Gänsefingerkraut** *(Potentilla anserina,* silbrige Blätter unterseits), **Seifenkraut** *(Saponaria officinalis),* im Wasser die giftige **Teichmummel** *(Nuphar lutea,* gelb blühend, Blätter wie Seerosen) und die essbare **Wasserlinse** *(Lemna minor)* sowie die **Schmalblättrige Wasserpest** *(Elodea nuttalli),* am Wegrand zum Landhaus Grum die weiß blühende **Späte Traubenkirsche** *(Prunus serotina)* aus Amerika, **Silberweiden** *(Salix alba)* und andere **Weiden,** unter der großen Ruhrbrücke **Wilde Karden** *(Dipsacus fullonum,* die Blätter haben unterseits eine Stachelleiste), **Wiesen-Bärenklau** *(Heracleum sphondylium),* **Herkulesstaude** oder **Riesen-Bärenklau** *(Heracleum mantegazzianum),* **Brennnesseln** *(Urtica dioica)* und viele andere.

März – Tour 5

Tour 6

Herdecke: Wilde Apotheke und Federvieh an der Ruhr

ⓘ Kleine Wanderung direkt am Ruhrtal-Radweg. Parken „Am Zweibrücker Hof 4" oder am angrenzenden Einkaufszentrum. Kaffee und Kuchen danach im Café Wenning auf der gegenüberliegenden Straßenseite oder Waffeln und Torte im Zweibrücker Hof oder im Café Extrablatt mit Blick auf die Ruhr.

Rund um den Zweibrücker Hof findet man am Ruhrtal-Radweg und auf den angrenzenden Wiesen eine ungeheure Kräuterfülle. Im März besticht der Ort durch seine gerade frisch aufkommende Frühlingskräutervielfalt und den flächendeckenden **Japanischen Knöterich** mit seinen noch rot überhauchten Blättchen. Die jüngsten noch eingerollten sollten Sie einmal kosten. Eine zarte Säure wie bei Rhabarber oder Sauerampfer belebt Ihre Geschmacksknospen. Sammeln Sie und genießen Sie unbedingt auch die Stängel! Diese können wie Rhabarber zu Kompott oder Kuchen verarbeitet werden. Mit dieser Methode kochen Sie die neuesten Kreationen einiger 5-Sterne-Köche nach. Außerdem betreiben Sie damit aktiven Naturschutz, denn so bewahren Sie den Standort vor der totalen Überwucherung.

Daneben finden sich **Huflattich**blüten und die ersten **Pastinak**blätter. Die Stängel der **Huflattich**blüten gelten in der gehobenen Kräuterküche als herrlicher Spargelersatz. Finde ich auch. Probieren Sie doch mal! Gerade roh. Die Knospen daran können Sie wie Kaugummi kauen.

An den Wiesenrändern finden sich **Gundermann, verschiedene Ehrenpreis-Arten** mit ihren himmelblauen

Jugendlicher Knöterich

Salattheke mit vier Leckereien: Vorne links die Weiße Taubnessel (noch ohne Blüte), in der Mitte mit den großen Blättern der Beinwell, dahinter Löwenzahn und links ein weiß blühendes Wiesenschaumkraut, fotografiert in der Nähe des Haupteinganges des Zweibrücker Hofes

Blütchen (etwas bitter, für alle, die ihren Stoffwechsel anregen wollen) und erste **Tüpfel-Johanniskraut**-Blättchen, **Schöllkraut, Giersch** und **Mieren**.

Den Radweg können Sie beliebig weit in beide Richtungen gehen und finden dort immer wieder neue Kräuter und sogar ab und zu eine selten gewordene Ulme.

Auf der Wiese vor dem Zweibrücker Hof beeindruckt eine wunderschöne **Schwarzpappel-Hybride**, die im Mai märchenhaft ihre Wolle-behafteten Samen auf Wiesen und Wasser ausbreitet.

Als der Ruhrtal-Radweg samt neuen Brücken im Jahr 2014 hier erneuert wurde und die alten romantischen Holzbrücken mit den **Schwarzerlen** daneben weichen mussten, habe ich erst mal geweint. Dies war der romantischste Ort. Genau hier an der Brücke in der Nähe der Wasserkante wuchsen auf einem Quadratmeter zehn verschiedene Heilpflanzen. Eine komplette Apotheke! Die zwei neuen Betonbrücken sind nicht mal halb so schön wie die alten, und die besondere Apotheken-Stelle am Ufer wurde mit Erde und Baumaterial zugeschüttet. Ich hoffe

Die Späte Traubenkirsche blüht hier am Ruhrufer ab Mai

sehr, dass sich der alte Zauber dort wieder einstellt. Die Vegetation am Zufluss dagegen ist zum Glück unbeschadet geblieben.

Die Bagger und Baufahrzeuge haben eine Menge neuer Samen mitgebracht. So wuchsen hier auf einmal in Menge **Melden** und **Gänsefüße**. Ja, die heißen wirklich so! Weil

Ehrenpreis als Bitterkraut wächst auf den Rasenflächen dort

die Blätter eben so aussehen, wie sie heißen. Sie gehören übrigens zu den Vitamin-C-reichsten Wildkräutern. Daneben standen **Nachtkerzen**, **Honigklee** und der gelbe **Kleine Klee**. Vielleicht sind diese Kräuter aber nur auf der Durchreise.

Folgende Artenfülle findet man in direkter Nähe des Zweibrücker Hofes:

Ackerschachtelhalm *(Equisetum arvense)*, **Wiesen-Bärenklau** *(Heracleum sphondylium)*, **Beifuß** *(Artemisia vulgaris)*, **Beinwell** *(Symphytum officinale)* und sein Verwandter **Comfrey** bzw. die Kreuzungen daraus *(Symphytum uplandicum)*, **Breitwegerich** *(Plantgo major)*, **Birke** *(Betula pendula)*, **Blutweiderich** *(Lythrum salicaria)*, **Brennnessel** *(Urtica dioica)*, **Efeu** *(Hedera helix)*, **Ehrenpreis, Berg-** *(Veronica montana)*, **Ehrenpreis, Persischer** *(Veronica persicaria)* **Ehrenpreis, Efeublättriger** *(Veronica hederifolia)*, **Esche** *(Fraxinus excelsior)*, **Gänseblümchen** *(Bellis perennis)*, **Gänsefingerkraut** *(Potentilla anserina)*, **Giersch** *(Aegopodium podagraria)*, **Goldnessel, Silberblättrige**

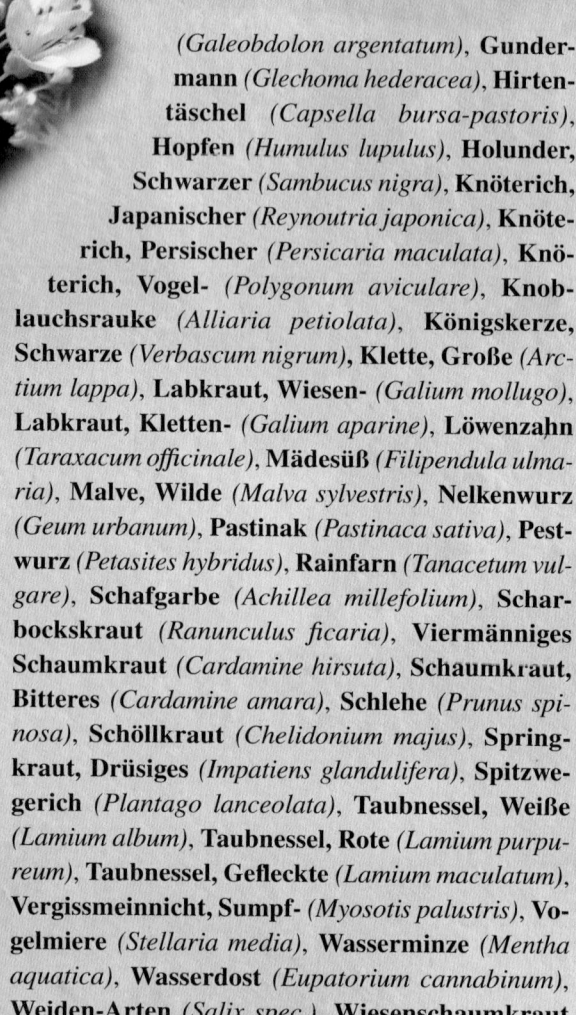

Bitteres Schaumkraut mit Senfgeschmack

(Galeobdolon argentatum), **Gundermann** *(Glechoma hederacea)*, **Hirtentäschel** *(Capsella bursa-pastoris)*, **Hopfen** *(Humulus lupulus)*, **Holunder, Schwarzer** *(Sambucus nigra)*, **Knöterich, Japanischer** *(Reynoutria japonica)*, **Knöterich, Persischer** *(Persicaria maculata)*, **Knöterich, Vogel-** *(Polygonum aviculare)*, **Knoblauchsrauke** *(Alliaria petiolata)*, **Königskerze, Schwarze** *(Verbascum nigrum)*, **Klette, Große** *(Arctium lappa)*, **Labkraut, Wiesen-** *(Galium mollugo)*, **Labkraut, Kletten-** *(Galium aparine)*, **Löwenzahn** *(Taraxacum officinale)*, **Mädesüß** *(Filipendula ulmaria)*, **Malve, Wilde** *(Malva sylvestris)*, **Nelkenwurz** *(Geum urbanum)*, **Pastinak** *(Pastinaca sativa)*, **Pestwurz** *(Petasites hybridus)*, **Rainfarn** *(Tanacetum vulgare)*, **Schafgarbe** *(Achillea millefolium)*, **Scharbockskraut** *(Ranunculus ficaria)*, **Viermänniges Schaumkraut** *(Cardamine hirsuta)*, **Schaumkraut, Bitteres** *(Cardamine amara)*, **Schlehe** *(Prunus spinosa)*, **Schöllkraut** *(Chelidonium majus)*, **Springkraut, Drüsiges** *(Impatiens glandulifera)*, **Spitzwegerich** *(Plantago lanceolata)*, **Taubnessel, Weiße** *(Lamium album)*, **Taubnessel, Rote** *(Lamium purpureum)*, **Taubnessel, Gefleckte** *(Lamium maculatum)*, **Vergissmeinnicht, Sumpf-** *(Myosotis palustris)*, **Vogelmiere** *(Stellaria media)*, **Wasserminze** *(Mentha aquatica)*, **Wasserdost** *(Eupatorium cannabinum)*, **Weiden-Arten** *(Salix spec.)*, **Wiesenschaumkraut** *(Cardamine pratensis)*.

Ufer mit ganz jungen Sprossen des Japanischen Knöterichs: zu dieser Zeit eine säuerlich-zarte Delikatesse

April

Lieblinge mit Migrationshintergrund im Revier

Als Ruhrgebietspflanze habe ich einen Vorteil, den viele auf dem Land nicht haben: Direkt vor Ort bin ich mit der Botanik der Welt konfrontiert. Im Dortmunder und Duisburger Hafen lagern die Container aus China und Amerika. Damit reisen die Pflanzensamen. An den Autobahn-Mittelstreifen findet sich die Flora aus Dänemark, Südafrika, Nordamerika oder Indien, mitgebracht von Lastwagen.

Im Rombergpark traf ich neulich ein paar Botaniker aus dem Allgäu, die zu einer Führung durch den Park angereist waren. Wir kamen so ins Gespräch über unsere Lieblingspflanzen. Die Almwiesen mit ihren Arnikas und Enzianen sind bei uns im Revier nicht drin. Die Migranten aus aller Welt dagegen im Allgäu nicht!

Zwei meiner essbaren Lieblingsschätzchen möchte ich Ihnen hier einmal anpreisen.

Die „Erdbeere" sieht seltsam aus, zu rund für eine Walderdbeere. Nein, das ist keine! Erdbeerpflanzen haben doch keine gelben Blüten! Außerdem hat sie so ein hübsches „Kränzchen" um Blüte und Frucht. Die Frucht ist zwar essbar, schmeckt aber nur nach Wasser. Alle Pflanzenteile dürfen trotzdem in den Salat. Gesehen habe ich sie unter anderem in Datteln und Castrop-Rauxel im Rasen, am Wegrand, am Straßenrand, dann wieder in Witten in der Nachtigallstraße, in Essen am Kattenturm-Wald, in Waltrop an der Halde, in Amsterdam auf einem Campingplatz … Ein mittlerweile sehr häufig bei uns verwilderter Neubürger, der in den älteren Bestimmungsbüchern nicht zu finden ist. So schnell geht also heute die Neubesiedlung im Ruhrgebiet! Die gelb blühende Pflanze ist die **Indische Scheinerdbeere** *(Potentilla indica,* ehemals *Duchesnea indica),* verwandt mit dem Gänsefingerkraut. Komplett mit

Bild Seite 78: Bärlauch

Bitte betrachten Sie das Bild einmal genau. Ist das eine Erdbeere?

Blatt und Blüte und roter Wasserfrucht essbar und auch als Zierpflanze (Bodendecker) nicht zu verachten! Am besten gefällt mir die Knospe. Sie erinnert mich an einen Diamantring. Die noch nicht entfalteten Blütenblätter sind so schön von Kelchblättern eingefasst wie ein filigran gestalteter wertvoller Ring. Eine Salatdeko, die fünfsternemäßig aussieht.

Im März hatte ich im Blumenkasten die *Claytonia perfoliata* ausgesät, das **Winterpostelein**, eine Delikatesse aus dem Samenkatalog von Dreschflegel, einer Gärtnerei, die alte und ausgefallene Bio-Gemüsesorten anbietet. Um gleich Verwechslungen auszuschließen, müssen Sie wissen, dass dieses Schätzchen unter vielen Namen bekannt ist: Im Katalog von Dreschflegel wird es unter *Montia* *perfoliata* geführt, auf deutsch ist es als **Tellerkraut** oder **Kubaspinat** bekannt.

Dieses Kraut nun soll besonders reich an Vitamin C und Mineralstoffen sein. Ich wollte gerne etwas für meinen Salat haben und habe eine halbe Tüte Samen in meinen Blumenkästen verteilt.

Bei einem Spaziergang in Datteln entdeckte ich die Pflanze dann. Wild! Groß, knackig, reif, schön anzuschauen, in einem ungepflegten städtischen Rasen. Sollte die Klammheit der Stadtkassen, die zum Wildwuchs in Grünanlagen führt, uns dort vielleicht demnächst eine ungeahnte Kräuterflut bescheren? Natürlich habe ich mich sofort satt gegessen, einige Blättchen für den Salat mitgenommen und alle Passanten gefragt, ob sie auch einmal probieren möchten. Die, die bei mir noch keine Kräuterführung mitgemacht haben, müssen immer erst etwas länger überzeugt werden, dass auch die Wilden etwas taugen und man den Wildkräutergenuss nicht unter „lebensge-

Wegen der zusammengewachsenen Blätter heißt der Kubaspinat auch Tellerkraut, auch im blühenden Zustand lecker!

fährlich" einzustufen hat. Die Mutigen und die Kräuterfans, die dann probiert haben, waren vom Geschmack und der Knackigkeit begeistert.

Der **Kubaspinat** ist gut zu erkennen an seinen spatelförmigen, glänzenden, dicken Blättchen. Noch besser und eindeutiger erkennt man die Pflanze, wenn sie blüht, denn die oberen Stängelblätter sind zusammengewachsen und die darüber stehenden weißen Blütchen werden so wie in einem von Floristen gebundenen Blumenstrauß präsentiert. Die Pflanze wird deshalb auch **Tellerkraut** genannt, ein etwas unromantischer Name, finde ich. Sie kommt ursprünglich von den feuchten Westküsten Amerikas zwischen Alaska und Kalifornien und findet unsere immer feuchter und wärmer werdenden Winter angenehm. Vielleicht brauchen wir bei weiterer Klimaerwärmung bald keine Samen mehr von ihr zu kaufen. Denn dann findet sie sich als wildes Gourmet-Salatkraut von alleine an jedem Wegrand ein. Im Flachland ist das bei uns bereits an vielen Stellen der Fall.

Ich möchte noch zu einem Argument der Einwanderungs-Gegner Stellung nehmen. Ganze Internetseiten mit Bekämpfungstipps für die ungeliebten Neuen füllen das Netz und man liest dort nur allzu oft: „Zur Not helfen Pestizide." Die sollte man also anwenden, weil die Migranten ja die einheimische Flora verdrängen. Ich finde, wir haben gerade im Ruhrgebiet als Menschen die einheimische Flora verdrängt und zerstört. Schauen Sie sich nur einmal Plätze wie die Umgebung der Jahrhunderthalle in Bochum oder die der Zeche Zollverein in Essen an. Wir können doch froh sein, dass wenigstens Migrantenpflanzen es dort aushalten!

Außerdem wird bei weiterer Klimaveränderung die einheimische Flora zum Teil von alleine verschwinden bzw. in andere Klimazonen auswandern. Und dann sind unsere Schätzchen dort die Migranten!

Und die Neuen bei uns sind dann in hundert Jahren genau so einheimisch und beliebt wie die „Alt-Einwanderer": Auf solche wie die **Kastanie, Goldrute** und die Gourmet-Speise **Franzosenkraut** wollen wir Kräuterfans doch heute auch nicht mehr verzichten.

Spatelförmige Blätter des Kubaspinates, knackig!

April ∫ 83

Scharf-senfiges Wiesen-Schaumkraut, sieht nur harmlos aus! Bitte probieren Sie zunächst ein atomgroßes Stückchen! Bei uns auf vielen Wiesen

Mild-senfiges Gourmet-„Un"-kraut: Garten-Schaumkresse *(Cardamine hirsuta)*, sicher auch in Ihrem Gartenbeet!

Süß und saftig: Spitzahornblüten, zum Beispiel am Kemnader Stausee

Aktuell im April sammeln

Die knackigsten Salate gibt es im April. Nie wieder sind die Kräuter so jugendlich frisch, so faltenfrei, würzig und saftig wie jetzt. Zu dieser Zeit kriegen Sie auch die Skeptiker an die Kräuter! Selbst die Baumblätter sind in diesem Monat zu genießen. Ich habe ja immer den Anspruch, meine Salate aus maximal vielen verschiedenen Kräutern zusammenzustellen. Wenn ich mir vergegenwärtige, dass nahezu jedes auch eine Heilwirkung hat, habe ich damit gleichzeitig präventiv eine fast komplette Apotheke zu mir genommen und kann demnächst auch meinen Ururenkeln noch die Kräuterkunde beibringen …

Knackig sind jetzt:
- **Bärlauch** und **Knoblauchsrauke**, beide mit Zwiebelgeschmack
- **Gierschblätter** mit leichtem Selleriegeschmack
- Alle **Taubnesseln** komplett mit Blüten und Stiel, sanft würzig
- **Lungenkraut**: Blätter und Blüten, neutraler Geschmack

Schluss mit dem Märchen, den Bärlauch könne man nach der Blüte nicht mehr essen! Blüte, Früchte (wie hier im Bild) und Zwiebeln sind köstlich!

Frühlingssalat mit Löwenzahn, blauen Lungenkrautblüten und zerrupften Löwenzahnblüten obenauf

Giersch gegen Gicht, welch zarte Blätter! Die Stängel schmecken wie Sellerie, sind aber für die Pfanne zu zäh.

Blätter vom Spitzahorn, eine Schönheit!

Magnolienblüten, leicht pfeffrig und süß, jede Art anders!

Bärlauch, der Jungbrunnen für die Adern

- **Vergissmeinnicht**: Blätter und Blüten, neutraler Geschmack
- **Scharbockskraut**blätter (vor der Blüte), etwas säuerlich
- **Vogelmiere**, saftig würzig
- **Löwenzahn** noch ganz zart, leicht herb
- **Kletten-Labkraut** als Frühlingskur, lässt alle Pickel verschwinden (aus dem Skript der Phytaro-Schule). Damit es im Salat nicht klettet, sollte man es so klein schneiden wie Schnittlauch, gurkiger Geschmack
- **Ehrenpreis-Arten** *(Veronica* spec.*)* als Bitterkraut, Frühlingskur
- **Gänseblümchen** als Frühlingskur: Blüten und Blätter, neutral knackig
- **Garten-Schaumkresse** *(Cardamine hirsuta)*, leicht senfig
- **Wiesenschaumkraut** nur in Spuren, ultra-scharf-senfig!
- Behaarte ganz junge **Buchen**blätter, leicht säuerlich
- **Birken-**, **Hainbuchen-**, **Hasel**blätter, nur ganz jung essbar, sonst zu herb wegen der Gerbstoffe
- Blüten vom **Spitzahorn**, eine süße Köstlichkeit, in Mengen verzehrbar
- Blüten der **Magnolien** als Salat oder pfeffriges Gewürz, je nach Sorte, probieren lohnt!

Weiße und Gefleckte Taubnessel, meine Lieblingsgeschmäcker, rechts Giersch, vorne Brennnessel. Also eine komplette Salattheke (in Essen, am Restaurant Kattenturm)

Kirsch-Blüten für den Salat, einfach mit dem Eimer sammeln (in Hattingen, City-nah an der Blankensteiner Straße)

Löwenzahnblüten für die Goldfarbe im Salat

Tour 7

Witten: Anemonen und Moschuskraut im Dorneywald

ⓘ Kleine Tour durch einen Kalk-Buchenwald an der Dorneystraße, nähe Hausnummer 51. Man fährt von Witten, Himmelohstraße, in die Dorneystraße. Dann immer geradeaus zum Sportplatz mitten im Wald. Dort am Sportplatz finden sich Parkplätze. Dann geht man auf der Straße 50 Meter Richtung Witten-Stockum zurück, über die Straße und dann *rechts* in den Wald. Dies ist der schönste Teil.

Achtung: Naturschutzgebiet! Auch wenn der Bärlauch in Mengen lockt: Hier darf nicht gesammelt werden! Am lohnendsten und schönsten ist der Wittener Teil dieses Naturschutzgebietes, in dem Sie sich jetzt befinden. Der Dortmunder Teil gleich nebenan eignet sich eher zum Joggen als zum Staunen.

Allerlei botanische Kuriositäten sind hier zu Hause. Die Pracht dauert nur bis Ende Mai, dann sind fast alle Blüten verschwunden. Ein Spaziergang dort lohnt unbedingt.

Begrüßt werden Sie hier von einem weißen Blütenteppich aus **Buschwindröschen** (Anemone nemorosa). Pflücken Sie bitte niemals eine! Dann muss ich nämlich SIE für das nächste Gewitter verantwortlich machen. Alte Bauernregel. Falls Sie die Anemone doch aus Versehen gepflückt haben sollten, gibt es noch weitere Konsequenzen für Sie. Die harmloseste: Die Blüte verwelkt sofort, weil sie keinen Verdunstungsschutz hat. Zweitens: SIE haben vielleicht durch den ätzenden Saft rote Flecken an den Fingern. Meine Kräuterkursteilnehmer müssten jetzt sofort „Aha!" denken und „Ja sicher, gehört doch zu den Hah-

Anemone nemorosa, Buschwindröschen, die „Gewitterpflanze"

nenfußgewächsen, da sollte man die Finger von lassen …"
Giftig! Genau!

Die **Anemonen** liefern uns im April ein wunderschönes Waldspektakel. Zusammen mit vielen anderen Kräutern bescheren sie uns in den Kalk-Buchenwäldern einen bunten Blumenwald. Sie kennen aus dem Ruhrgebiet alle unsere „Normal-Buchenwälder", die als Krautschicht nicht viel zu bieten haben, nur mal ein paar Hainsimsen. Das „Luzulo-Fagetum", der Hainsimsen-Buchenwald, ist unsere häufigste natürliche Waldformation auf sauren Böden. Da gibt es Adlerfarn flächendeckend, ein paar Ilex-Sträucher, diese auch schon mal in Gigantismus-Größe, dazu Brombeeren und Nelkenwurze oder aber nichts von alledem. Stattdessen eine herbstlaubbraune, krautfreie Schicht. Dies ist ein sogenannter „Hallenwald". Eine Freundin von mir sagt dazu immer: „Nein, keine Halle. Eine Kathedrale!"

Nicht so hier: Dieser Wald ist ein Blumengarten! Aber nur im Frühling. Danach sehen Sie kaum noch, dass er sich von den „Normalos" unterscheidet.

Ein kleiner Teich mit **Schwertlilien**, tief eingeschnittene Bachtäler und uralte Bäume mit knorrigsten Gestalten schaffen zu jeder Zeit eine geheimnisvolle Stimmung. Im April und Mai finden Sie hier **Bärlauch,** so weit das Auge reicht. Ein weißer Waldboden. Erinnert mich an Hochzeit, Reinheit, Lilien, Weisheit, Anmut … Ich setzt mich auf einen Baumstamm (am tief eingeschnittenen Bachlauf liegen einige umgestürzte) und sinne erst einmal über diese Symbolik nach …

An wenigen Stellen wächst auch das **Maiglöckchen**. Eine Bekannte berichtete, dass sie nach dem Genuss von Maiglöckchen (Verwechslung!) roten Urin hatte. Die Vergiftung ruft Übelkeit, Erbrechen, Durchfälle, Krämpfe des Magen-Darm-Kanals, aber auch Schwindel, Benommenheit und Sehstörungen hervor. Da Maiglöckchen auch herzwirksame Substanzen enthalten, drohen auch Puls-

Bärlauch, märchenhaft!

verlangsamung und Herzrhythmusstörungen! Die Pflanze wird in der Phytotherapie nur als homöopathisches Mittel benutzt.

Wie kann man sie vom Bärlauch unterscheiden? Ohne Blüte folgendermaßen: Das Maiglöckchen hat zwei ineinander gedrehte Blätter am Stiel. Der Bärlauch hat rasenartig nebeneinander einzelne Blätter, die nach Knoblauch riechen. Wenn man das Bärlauchblatt in der Mitte knickt, macht es „knack". Beim Maiglöckchenblatt nicht. Und natürlich riecht das Bärlauchblatt nach Knoblauch. Wenn man allerdings schon einen Korb voll gepflückt hat, riechen auch die Finger danach und man bemerkt vielleicht doch nicht das eine Maiglöckchen, welches sich dazwischen geschummelt hat …

Ich habe mir aus einem Kräuterladen welchen in den Garten geholt, an einen Schattenplatz gepflanzt und nehme ihn nun für Pesto, als Salatgewürz oder als Knabberei zwischendurch. Neben den Blättern können auch Blüten, Früchte und Zwiebeln geerntet werden. Alle liefern einen großen gesundheitlichen Vorteil: Der Blutdruck sinkt, die Adern werden frei, die Verdauung wird angeregt und der ganze Körper frühlingshaft gereinigt!

Vereinzelt findet sich hier das auch in diese Waldformation gehörende **Salomonssiegel**, auch **Vielblütige Weißwurz** *(Polygonatum multiflorum)* genannt. Sie müssen es hier im Wald allerdings schon suchen. Es blüht erst im Juni. Sie kennen es möglicherweise aus Ihrem heimischen Garten als Zierpflanze. Seine weißen Glocken hängen ordentlich aufgereiht von einem hohen gebogenen Stängel herab. Es ist benannt nach seinen Wurzeln, die so aussehen, als hätte man viele kleine Münzen (Siegel) aneinander geheftet. Und mit Hilfe dieser Siegel konnte König Salomo damals seine legendären Gold-Schätze finden! Wenn Sie dringend diese Pflanze brauchen, aber nicht finden, weil sie so selten ist, können Sie einen Trick anwenden: Kleben Sie einem Specht sein Nest zu. Dann sucht er das Siegel, um damit seine Tür wieder öffnen zu können. Wenn Sie dann in die Hände klatschen, lässt er es fallen und Sie können es aufheben. Früher wurde das gemacht! Damit steht Ihrem zukünftigen Reichtum nun nichts mehr im Wege. Das Salomonssiegel ist ansonsten giftig, auch wenn seine schwarzen Beeren im Sommer verlockend aussehen.

In Gelb blüht hier das **Scharbockskraut** *(Ranunculus ficaria)*, der Frühlingsbote, der früher als erstes Kraut nach dem krautlosen Winter sehnsüchtig begrüßt wurde, wurden doch seine Blättchen gegen den Scharbock, den Skorbut, also gegen Vitamin-C-Mangel gegessen. Betrachten Sie einmal seine den gan-

Maiglöckchen, nicht Bärlauch! Die Blätter stehen zu zweit am Stängel und rollen sich ineinander!

Das Kraut gegen den Skorbut: Scharbockskraut

zen Boden bedeckenden Blättchen genau. Sie sind ganz zart allerliebst gemustert! Heute kennen wir bessere Vitamin-C-Quellen, denn das Scharbockskraut gehört auch zu den Hahnenfußgewächsen und ist als einziges aus dieser Familie essbar, in kleinen Mengen und nur die Blättchen vor der Blüte. Ich finde, Vogelmiere schmeckt viel besser und eignet sich besser als Mittel gegen den „Scharbock".

In Gelb blüht hier auch bald die **Goldnessel** *(Galeobdolon luteum)*, deren Verwandte sicher viele Menschen aus ihrem Garten kennen. Im Garten haben wir die **Silberblättrige Goldnessel** *(Galeobdolon argentatum)* mit panaschiertem (grün-weiß gemustertem) Laub, die nach der Blüte als hübscher Bodendecker das Mulchen erspart. Oder sich wie verrückt ausbreitet, würden einige sagen. So verrückt, dass die panaschierte Form auch schon überall in der Wildnis zu finden ist! Im Dorneywald neben der „echten". Für Menschen, denen das Gewuchere im Garten

Silberblättrige Goldnessel, aus dem Garten entsprungen

zu viel wird, hier die Nutzung von beiden: Die Blüten sind als Salatdeko herrlich, die Blättchen können als Gewürz verwendet werden, das wie Steinpilz schmeckt.

Dunkelgrüne Blätter und kleine unscheinbare Blüten hat das **Bingelkraut** *(Mercurialis perennis)*. Da die Früchte hinterher zu zweit am Stängel sitzen und Ähnlichkeit mit Hoden haben, dachte man, dies müsse die männliche Pflanze sein. Aber getäuscht! Die weibliche hat die „Hödlein", die männliche nur „zierliche" Staubbeutel. Der Name Bingelkraut leitet sich von „Pinkeln" ab, weil die Pflanze harntreibend wirkt.

In Rot-Blau blüht das **Lungenkraut** *(Pulmonaria officinalis)*, das seinen Namen von den mit weißen Punkten übersäten Blättern hat. Diese sollen wie eine Lunge aussehen und tatsächlich ist es ein Heilkraut für eben diese. Ich liebe die Blätter als Zutat zu meinen Hustentees, die Blüten als Deko zum Salat. Die ganze Pflanze schmeckt neu-

Bild o.l.: Bingelkraut

Bild o.r.: Moschuskraut

tral-saftig im Salat. Aber nur aus meinem eigenen Garten. Sie wissen ja – hier ist Naturschutzgebiet.

Ein ganz uriges Schätzchen findet man hier, wenn man mit dem Lupenblick den Boden absucht. Zwischen Teich und Straße ist teichnah ein großer Bestand: das winzige, grün blühende **Moschuskraut** *(Adoxa moschatellina)*. Es ist die einzige Art in der einzigen Gattung der Familie der Moschuskrautgewächse, die speziell für dieses Schätzchen angelegt wurde. Es gibt keine verwandte Art, die solche seltsamen Merkmale hat! Das Moschuskraut, ca. 10–15 cm groß, hat ein grünes Blütenköpfchen in Würfelform. Oben auf dem Würfel blüht eine grüne Blüte mit vier Blütenblättern, an den vier Seiten des Würfels aber vier grüne Blüten mit fünf Blütenblättern! Es riecht etwas unangenehm nach Moschus.

Dazwischen findet man schon in großen Mengen die pfeilförmigen Blätter des **Gefleckten Aronstabes**, der erst im Mai blüht. Er kann seine Blütentemperatur auf 37 Grad hochheizen! Wozu? Sein Aasgeruch kann sich dann noch besser verbreiten und damit die ihn bestäubenden Aasfliegen anlocken! Aronstab darf man niemals probieren, denn seine Oxalsäurenadeln und das giftige Aronin brennen dann tagelang auf der Zunge! Eine Freundin von mir hat es versehentlich probiert …

Der Wald besteht hauptsächlich aus **Buchen**. Dazwischen fallen einem die urigen **Hainbuchen** mit ihren individuellen Gestalten auf und einige uralte ehrwürdige **Wildkirschen**.

Meine Kräutertouren in den letzten Jahren sind hier einige Male buchstäblich ins Wasser oder „in den Schnee" gefallen. Wenn der Winter ungewöhnlich lange dauerte, zeigte sich die Pracht erst im Mai. War er mild und kurz, konnte man die ersten Blütenteppiche schon im März finden.

Sobald der Wald sich im Mai belaubt, ist die Pracht vorbei. Dann haben die blühenden Pflanzen ihr Werk für dieses Jahr beendet. Sie sind gekeimt, haben Blätter und Blüten bekommen, Nachkommen hervorgebracht und ihre Zwiebeln vermehrt, alles in voller Sonne. Wenn ab Mai die Bäume belaubt sind, ist es für sie zu dunkel und sie ziehen sich in die wohlverdiente Ruhe zurück.

Aronstab

Das Naturschutzgebiet ist umgeben von Äckern, die regelmäßig mit Herbiziden gespritzt werden, und zwar mit solchen, die alle „zweikeimblättrigen" Pflanzen vernichten. Einkeimblättrige sehen wie Gras aus mit parallel genervten Blättern, die zweikeimblättrigen haben meist Blätter mit einem Mittelnerv und Seitennerven. Zu ersteren gehören alle Getreide und Mais, zu letzteren alle Kräuter und Bäume. Sollten Sie also am äußeren Rand des Waldes angekommen sein und einen Blick auf das Feld werfen, werden Sie eine krautfreie Zone vorfinden: Nur Gras. Alles andere ist weggespritzt.

Die Spritzmittel bleiben leider nicht auf dem Feld, sondern werden vom Wind bis in das Naturschutzgebiet geweht! Was man dagegen tun könnte? Nur noch Bioware

Iris-Teich im Dorneywald mit essbarer Wasserlinse

kaufen. Jeder! Und weniger Sprit und Energie verbrauchen. Dann müssten auch nicht diese endlos gespritzten Maisfelder in solchen Mengen angelegt werden.

Möchten Sie noch einen küssenden Baum sehen? Dann gehen Sie hinter dem Teich links den Hang hinauf und am oberen Waldrand (Nähe Feld/Wiese) nach links. Dort am kleinen Trampelpfad stehen sie und küssen sich …

Natürlich sind es Hainbuchen. Die sind ja immer für eine Überraschung gut.

Diese Pflanzen können Sie hier unter anderem finden:

Diese Pflanzen können Sie hier unter anderem finden: **Aronstab** *(Arum maculatum)*, **Lungenkraut** *(Pulmonaria officinalis)*, **Vielblütige Weißwurz** *(Polygonatum multiflorum*, nur ganz vereinzelt), **Maiglöckchen** *(Convallaria majalis)*, **Wald-Veilchen** *(Viola reichenbachiana)*, **Wald-Bingelkraut** *(Mercurialis perennis*, dunkelgrüne Blätter, in großen Beständen), **Moschuskraut** *(Adoxa moschatellina*, nur 15 cm groß!), **Sanikel** *(Sanicula europaea)*, **Gold-Hahnenfuß** *(Ranunculus auricomus*, selten), **Bärlauch** flächendeckend *(Allium ursinum)*, **Waldmeister** *(Galium odoratum)*, **Goldnessel** *(Lamium galeobdolon)*. Diese sind die typischen Kalk-Buchenwald-Pflanzen, die nur von März bis Mai zu sehen sind.

Daneben findet man ganz normale Wald- und Wiesenpflanzen wie **Giersch, Mieren, Nelkenwurz** und **Brennnessel**. Am Teich wachsen unter anderem **Schwertlilie** *(Iris pseudacorus*, giftig), **Bachbunge** *(Veronica beccabunga*, in Blau, bitter!), der **Sumpfziest** *(Stachys palustris)* und seit kurzer Zeit auch das **Drüsige Springkraut** *(Impatiens glandulifera)*. Das Wasser wird bedeckt von der **Wasserlinse** *(Lemna minor)* und den großen rundlichen Blättern der giftigen **gelben Teichmummel** *(Nuphar lutea)*.

Tour 8

Unna: Frühlingssalat mitten in der Stadt

ⓘ Bornekampstraße. In der Nähe des Freibades parken und die Bornekampstraße im Park entlanggehen.

Wenn man vom Ring um Unnas City aus in die Bornekampstraße geht, kann die Kräutersuche direkt beginnen. Laut Stadt Unna ist das Bornekamptal das meistbesuchte Naherholungsgebiet Unnas.

Hinter dem Freibad könnten wir zunächst den Rasen einmal als essbare Gemüsetheke anschauen. Aber Vorsicht! Der ist gleichzeitig Unnas beliebte Hundetoilette! Hier findet man im April das **Scharbockskraut**, das früher nach dem kräuterlosen Winter als erstes frisches Grün im Salat begrüßt wurde. Daher hat es den Namen „Scharbocks"-kraut. Scharbock ist das gleiche wie Skorbut und dagegen hilft unser Kraut, nämlich gegen Vitamin-C-Mangel. Meinen Teilnehmern fällt zu Skorbut immer ein: Da fallen einem die Haare und Zähne aus. Ja, auch.

Solange die kleinen gelben Blütchen noch nicht dran sind, darf man die Blättchen verspeisen, ansonsten sind Hahnenfußgewächse anderer Art fürs Verspeisen tabu, enthalten sie doch alle eine geringe Menge Nervengift.

Der Rasen ist voll mit kleinen blauen Blümchen, einer **Ehrenpreis**art. Sie heißt passend „Veronica". Sicher kennen Sie von den Comedian Harmonists das Lied: „Veronica, der Lenz ist da". Ich weiß nicht, ob sie die Pflanze gemeint haben oder ein Mädel, ich mag sie jedenfalls! Auch wenn sie so klein ist. **Veronica filiformis** ist in großer Menge da, aber nur in kleiner Menge salattauglich, da doch recht bitter. Für die Frühlingskur und gegen unreine Haut allerdings sehr gut geeignet, als Salat, Tee oder spontan verspeist! Sie soll einst einen geplagten König von seinen chronischen Hautleiden befreit haben. Seitdem heißt sie Ehrenpreis. Ich finde, den Namen hätte sie schon allein wegen ihrer zauberhaften himmelfarbenen Blüten verdient.

Ein Giftiger im Rasen ist der **Kriechende Hahnenfuß**. Den kennen Sie sicher auch aus Ihrem Rasen oder von Ihren Beeten. Als Kinder sagten wir immer „Butterblumen" dazu, weil die gelben Blütenblätter wie Butter glänzen. Das machen die ja extra, für die Bienen, denn da ist Nektar drin! Ein Schätzchen, das Sie überall im Garten wiedertreffen: „Ach hallo, du schon wieder!", eins, das immer von den Wühlmäusen verschleppt wird, überall einfach so auftaucht, gejätet werden will, aber ungenießbar ist, selbst für Karnickel. Die Giftigkeit verliert es erst im getrockneten Zustand, also auch im Karnickelheu.

Was man nun hier aus dem Rasen essen könnte, ist immerhin der **Löwenzahn**, um diese Zeit noch zart und noch nicht allzu bitter. Und am Rand die zwiebelig schmeckende **Knoblauchsrauke**, die in großer Menge in den Salat darf. Damit ist die Verdauung und Vitaminversorgung gesichert. Geben Sie Ihrem Partner vorsichtshalber auch etwas davon, sonst küsst er Sie nicht mehr! Die jungen Blätter schmecken am besten.

Nun kommen Sie rechts an einen Bachlauf. Der wartet mit **Mädesüß** auf, dem Aspirinkraut. Der Tee aus den Blü-

Bild u.l.:
Kriechender Hahnenfuß, im Rasen und am Wegrand, nichts zum Essen

Bild u.r.:
Gefingerter Lerchensporn, eine giftige Schönheit in Unna

ten hilft in kürzester Zeit gegen Kopfschmerzen. Außerdem duften sie betörend! Hier wachsen **Taubnesseln**, die köstlich für den Salat sind, und **Giersch**. Der gehört (ohne die Blattstiele) in den Salat für Gichtkranke (hilft dagegen, weil er die Nieren anregt und die Salze ausschwemmt) und für Gourmets, da er wie Stangensellerie schmeckt. Probieren Sie einmal spontan roh und ungeschminkt den saftigen Stiel: Dann erkennen Sie die Verwandtschaft sofort. Im Salat oder in der Pfanne sind die Stiele allerdings etwas zäh.

Gehen Sie nun links am Waldrand entlang. Dort fällt Ihnen sicher eine große Menge rosa blühender exotischer Pflanzen auf. Ja, die sind wirklich besonders! Ich habe sie noch nicht oft gesehen. Wie kamen sie hierher? Mit Gartenzwiebeln? Es ist der **Gefingerte Lerchensporn** *(Corydalis solida)*. Eine seltsame Blüte hat er, die zur Seite schaut. Oben am Blütenstand sind Hochblätter, die wie kleine Händchen aussehen. Darin unterscheidet er sich von anderen Lerchenspornen. Ob das erhobene Händchen (sieht aus wie eine Kinderhand!) warnen will? Wahrscheinlich, denn er ist giftig. Und selten! Also bitte nur mit der Kamera fixieren. Die schön zerschlitzten Blätter mag ich besonders, weil sie so leicht im Wind schaukeln.

Ich habe vor einem Haus in der Bornekampstraße eine große Menge davon gesehen. Sind die Pflanzen von dort ausgewandert? Oder hat ein Tier die Samen dahin transportiert? Sie breiten sich üppigst aus, wenn sie einmal an einer Stelle auftauchen, weil Ameisen die Samen weiterschleppen. An den Samen hat der Lerchensporn extra ein Stück Fett befestigt, damit die Ameisen eine Kalorienbombe für ihre Vorratskammern haben. Wenn die Ameisen dies aufgefressen haben, wird der Müll (das ist in diesem Fall der Samen) aus dem Bau entfernt und kann dort, an einem neuen spannenden Ort, keimen.

Daneben wächst auch der **Aronstab**, über dessen urigen, an Calla erinnernden Blütenstand ich mich immer wieder freue und wundere. Das pfeilförmige Blatt will aber vielleicht schon zeigen, dass er giftig ist! Ein Biss ins Blatt verschafft Ihnen unter Umständen tagelange Schmerzen im Mund!

Wenn Sie weitergehen, achten Sie einmal auf die Bäume. Hier gibt es durchaus einige knorrige, die Gesichter und interessante Verwachsungen zeigen. Besonders schön sind die alten Exemplare auf den Rasenflächen am Bach.

Nun gehen Sie den Weg weiter nach rechts, auf die Wiese oberhalb des angelegten Wiesenlabyrinthes. Dort habe ich eine Kräutergruppe (Anfänger) einmal Kräuter sammeln lassen. Sie sollten fünf verschiedene finden, zunächst also erst einmal feststellen, wie viele unterschiedliche es hier gibt. Hätte ich doch besser vorher gezählt! Heraus kam eine so große Menge, dass wir sie hinterher mit Nummern und Schildern ordnen mussten, um den Überblick zu behalten. Fazit: Diese Wiese ist ein idealer Sammelplatz für einen gesunden Kräutersalat. Es gibt über 20 Arten, saftig, frisch und genug für alle!

Hier wachsen **Wiesen-Bärenklau** (würziges Anti-Aging-Kraut, mit Blatt und Blüte zu essen oder die Stängel braten), **Brennnessel** (Eisen- und Calcium-Lieferant), **Spitz- und Breitwegerich** (siliciumhaltig), **Rotklee** (Eiweiß im Salat, die Blütenköpfe enthalten Phyto-Östrogene), **Großer Sauerampfer** (herrlich lecker sauer!), **Lungenkraut** (das saftige Blatt mit Neutralgeschmack für Anfänger und deren Angehörige, die noch nie Kräutersalat gegessen haben), verschiedene **Veronica-Arten** mit kleinen blauen Blüten (bitter, im Salat für schöne Haut und die Entgiftung), **Horn-**

Lungenkraut

Rotklee

Wiesen-Bärenklau

Vogelmiere

Baldrian

kraut (sieht aus wie eine behaarte Vogelmiere) und **Vogelmiere** (beide in Mengen lecker und knackig, reich an Vitaminen).

Im Labyrinth findet man **Osterglocken** (giftig) und **Schnittlauch**!

Am Teichrand hat sich eine Kräuter-Apotheke eingefunden, unter anderem **Mädesüß** (Blüten als Tee wie Aspirin zu gebrauchen, blüht im Juni), **Minzen** (eine Probetasse könnte man ja mal aufgießen, manche wilden Minzen schmecken herrlich, andere muffig, zum Beispiel die Rossminze). An den Wegrändern steht **Stinkender Storchschnabel** (für die, die spontan etwas gegen Herpes brauchen: Blattsaft drauf – hilft schnell!) und **Baldrian** (heilkräftige Wurzel zur Beruhigung als Tee). Wenn man weiter auf den Wiesen und am Wegrand Ausschau hält, findet man noch folgende saftige Kräuter, die komplett für den Salat taugen: drei verschiedene **Taubnesseln** *(Lamium album, maculatum* und *purpureum)* und zwei verschiedene **Labkräuter** *(Galium aparine* und *mollugo)*, drei verschiedene **Weidenröschen** *(Epilobium montanun, roseum, hirsutum)* und **Wiesen- und Garten-Schaumkraut** *(Cardamine pratensis* und *hirsutum)*. Die beiden Letzteren geben dem Salat eine scharf-senfige Note.

Kletten-Labkraut: Saftig im Salat. Bitte sehr klein schneiden, sonst „klettet" es!

Bald wird hier wieder alles gemäht. Essen Sie also ruhig einiges auf.

Sie können nun entlang des Baches oder Teiches weiterwandern, hören allerdings auf dieser Höhe immer die Autobahn und die Schnellstraße. Dann geht es auf gleichem Weg zurück

Narzisse bzw. Osterglocke

Tour 9

Hattingen: Krankenhaus-Zaubergarten

ⓘ Öffentlicher Patientengarten hinter der Klinik Blankenstein, Im Vogelsang 9, Parken auf einem der zwei großen Parkplätze am Krankenhaus

Neulich war ich in einem zauberhaften Hinterhof-Garten. Dieser Hinterhof gehört zum Klinikum Hattingen-Blankenstein und ist mit einem kleinen Pflanzenlehrpfad bestückt. Genauso schön wie der Lehrpfad sind allerdings die kleinen Steilhänge zwischen den Wegen. Ein Kleinod mit blühenden Blumen, eine Oase der Stille mit Blick in ein grünes Tal. Winzig, aber zauberhaft!

Eingang zum Patientenpark mit zauberhafter Blutbuche

Der Garten ist zwar für die Patienten angelegt, aber öffentlich zugänglich. Bei dem Namen der Straße wundert mich das Zauberhafte übrigens gar nicht!

Wenn Sie auf den Garten zugehen, sehen Sie hinter dem Klinikgebäude als erstes zwei herrliche **Blutbuchen**, die eine gärtnerische Sorte unserer Rotbuchen sind. Bleiben Sie einmal zwischen den beiden Baumveteranen stehen und fühlen Sie den Ort. Gibt er Kraft? Hat er etwas Besonderes? Ist das Licht unter diesem Dach aus roten Blättern nicht bezaubernd?

Über eine Bruchsteintreppe gelangen Sie an den Hang, an dem der Gartenpark angelegt ist. Hier gibt es einen kleinen Baum- und Kräuterlehrpfad, der Ihnen Einiges über **Birke, Ilex, Walnuss** und **Linde**, aber auch über **Gänseblümchen, Johanniskraut, Spitzwegerich, Beinwell** und viele weitere Kräuter mit auf den Weg gibt. Alles solche, die auch hier in der Naturheilkunde-Abteilung des Blankensteiner Krankenhauses angewendet werden. Für Anfänger ist hier ein idealer Ort, um sich anhand der Schilder mit den daneben stehenden Pflanzen vertraut zu machen.

In einem öffentlichen Park oder Garten dürfen wir ja nichts pflücken. Ich habe trotzdem auf der Wiese ein Pflänzlein genascht, weil hier ja doch in ein paar Tagen der Rasenmäher wieder hinkommt. Ich habe das „**Hasenbrot**" *(Luzula campestris)* probiert. Das halte ich allerdings für ein Gerücht, denn es ist höchstens so groß, dass es für ein „Hasenbrötchen" taugt. Der braune Blütenstand ist nur wenige Millimeter groß. Es ist ein Gras, dessen Grasblätter am Rand mit einigen weißen langen Wimpern versehen sind. Wenn Sie es zu sich nehmen, können Sie sich einmal wieder an die Zeit erinnern, in der Sie noch als Neandertaler vor 30.000 Jahren durch die Lande zogen, nichts im Sinn mit Fuchsbandwürmern, radioaktivem Fallout oder Hunde-Hinterlassenschaften, sondern mit feinen Geschmacksnerven für unzählige Kräuter und

Hasenbrötchen auf der Wiese

Wurzeln. Für den Notfall unterwegs: Alle **Gras-** und **Seggen**-Samen dürfen Sie ohne Risiko genießen.

Des Weiteren finden Sie hier am unteren Ende des Gartens da, wo man ansonsten in den Abgrund stürzen könnte, auch schon flächendeckend den **Japanischen Staudenknöterich**, von dem sich die Patienten doch die obersten Stängelabschnitte als Rhabarber-Ersatz genehmigen könnten! Oder als Flöte schneiden.

Wenn ich in einem Park oder Wald bin, frage ich mich fast schon unbewusst, wo der schönste Platz ist. Aber WAS ist der schönste Platz? Der mit der besten Aussicht? Der mit der Bank? Der unter einem Baum? Für mich der, wo mir „das Herz aufgeht", „wo auf einmal alles plastischer aussieht", wo ich denke „Wie herrlich es hier ist!" oder „Wie ist das Leben doch schön!", wo ich am liebsten verweilen und genießen würde. Die Geomanten oder Elfenkenner würden sagen: Genau dort stehen Sie dann an einem Kraftort oder mitten in einem „Elementarwesen" oder „Landschaftsengel". Das interessiert Sie? Dann lesen Sie dazu einmal Bücher von Guntram Stoehr, Marko Pogacnik, Wolf-Dieter Storl oder Thomas Mayer (Bücherliste im Anhang). Bei anderen „Hellfühlingen" machen

Bild o.l.:
Ein Baum guckte mich dort an, das tun die ja immer!

Bild o.r.:
Und das ist seine Rückseite. In einem Meer aus Sternmiere

sich solche Plätze bemerkbar, indem bei ihnen die Füße kribbeln oder sie ihr Herzchakra spüren oder der Platz wie in Licht getaucht erscheint … Ich gehe davon aus, dass auch Sie das wahrnehmen können, Sie wissen es nur noch nicht. Und bei diversen Seminaren zu dem Thema musste ich feststellten: Fast jeder nimmt solche Plätze wahr, aber auf unterschiedliche Weise.

Lange Rede … Für mich ist der schönste Ort am tiefsten Punkt des Gartens, da, wo zwei alte Bäume nebeneinander stehen, die mit Efeu überwuchert sind. Wenn Sie dazwischen stehen, schauen Sie in eine dschungelartige Schlucht. Fühlen Sie sich auch hier am wohlsten? Nun drehen Sie sich um und schauen hangaufwärts. Oberhalb Ihres Standortes in gerader Linie ist der Baumgesichterbaum, dahinter in Fortsetzung der Linie die Blutbuchen und rechts am Hang eine Marienstatue neben der Grotte …

An den kleinen steilen Hangabschnitten befindet sich freundlicherweise eine bunte „Magerwiese". Nun, da hält kein Dünger, der Regen spült die Nährstoffe aus, der Boden ist nicht mit Mulch bedeckt, mit einem Wort: ein Eldorado für Blüten! Das glauben Sie nicht? Die „Magerwiesen", die leider fast aus unserer Vegetation verschwunden

sind, waren DIE Blumenwiesen, nicht die „fetten" überdüngten, bei denen bald das Gras alles bunt Blühende überwuchert hat. Hier überrascht uns also ein Blütenmeer aus wilden **Wald-Vergissmeinnicht, Sternmieren, Wiesen-Schaumkraut, Löwenzahn** und **Nelkenwurz**.

Bild o.l.:
Wiesen-Schaumkraut

Bild o.r.:
Die Linden haben schon Blätter an den Stämmen: Beißen Sie rein und genießen Sie schmackhaften und gesunden Wildsalat.

Nach dem Genuss des schönen Gartens und der Aussicht können Sie auf dem Rückweg oben am Hang bzw. am Garteneingang einmal dem Schild zum Labyrinth folgen. Vielleicht werden Sie wie ich zuerst enttäuscht sein. Es ist nicht so ein prächtiges aus Hecken, wie ich es aus englischen Gärten kenne, in denen Sie Schweißausbrüche bekommen. Wegen der Höhe der Hecken! Sie wissen dort tatsächlich nicht, ob Sie bis Weihnachten wieder herausfinden. Dieses hier dagegen ist völlig ungefährlich, auch für Menschen mit hohem Blutdruck geeignet und eben nur aus Rasen. Und dennoch: Der Gang da hindurch versetzt Sie in eine entspannte Stimmung, gedankenverloren, im Kreis ... Bestimmt ist danach auch Ihr Blutdruck gesunken.

Wenn Sie nun noch Lust auf mehr haben, überqueren Sie vor dem Krankenhaus am Supermarkt die Hauptstraße Richtung Altstadt/Kirchen und machen Sie noch einen Rundgang durch das grüne Blankenstein mit dem folgenden Ausflugstipp.

Bild Seite 106:
Vergissmeinnicht am Blumen-Hang

April – Tour 9

Tour 10

Hattingen: Blankensteiner Frühlingsspaziergang

ⓘ Parken zum Beispiel Im Tünken, einer kleinen Straße mit Parkplatz unterhalb der Burg, Seitenstraße der Wittener Straße. Dann Rundgang durch den Gethmannschen Garten, Beginn an der Straße Am Stadtmuseum

Gehen Sie zunächst vom Parkplatz Im Tünken aus die Treppe hoch Richtung Burg, dann links an den Kirchen vorbei bis zum Eiscafé (rechts vom Stadtmuseum). Wenn Sie vor dem Eiscafé in Blankenstein stehen und rechts daneben den Weg hinunter „Zu den 7 Hämmern" gehen, dürfen Sie zunächst die Zierbeete vor den alten Fachwerkhäusern bewundern mit **Steinkraut**, **Weißwurz** und **Tulpen** in allerliebsten Farben!

Die steile Straße, die in der Mitte gewölbt ist, stellt für Fahrzeuge im Winter sicher eine arge Herausforderung dar. Rechts kommen Sie an eine Bruchsteinmauer, die die typische Mauerflora zeigt: das **Mauerzymbelkraut** *(Cymbalaria muralis)*, dieses winzige wilde „Löwenmaul", das essbar ist, den **Huflattich** (brauchen Sie gerade ein Hustenkraut? Dann Tee aus den Blättern machen), daneben das **Schöllkraut** (gelber Milchsaft gegen Warzen in den Blattstielen). Ich nehme an, hier ist eine kleine Hausapotheke entstanden, die sich passend zu den Beschwerden der Bewohner von selbst angesiedelt hat. Ich habe aber nicht gewagt zu fragen, ob jemand in der Straße Warzen hat ...

Von oben rankt weiß blühendes **Filziges Hornkraut** *(Cerastium tomentosum)* mit weiß behaarten Blättern theatralisch schön die Mauer herab. Dieses kennen Sie vielleicht aus dem eigenen Garten oder vom Friedhof. Hier mischen sich Wild- und Zierpflanzen, eine allerliebste Komposition!

Die „Freiheit" an den sieben Hämmern, allerliebst in Efeu eingepackt

Sie gehen nun auf ein winziges Fachwerkhaus zu, an dem der Name der Straße „Freiheit" steht. Es ist über und über mit **Efeu** bewachsen und sieht aus wie aus einem Märchen. In Österreich wurde der Efeu früher an die Kuhställe gepflanzt. Er sammelt Jod aus dem Boden und gab dieses wohl über die Luft ab. Dadurch sollten die Kühe mehr Milch geben. Möglicherweise verfügen auch die Bewohner hier über eine exzellente Schilddrüsenfunktion.

Gehen Sie nun links herum weiter, aber nicht den breiten Weg runter zur Ruhr, sondern den kleinen Weg an der Bruchsteinmauer entlang. Wo das Schild „Naturschutzgebiet" steht, dürfen Sie eine Farnvielfalt bewundern und natürlich nichts sammeln! An der Mauer wachsen neben **Wald-Frauenfarn** (*Athyrium filix-femina*, der feminine eben) und **Wurmfarn** (*Dryopteris filix-mas*, der männliche) auch unsere kleinsten Vertreter, die **Mauer-**

Mauerraute, ein niedlicher Farn, der in Oberösterreich dem Vieh gegen das Verhexen gegeben wurde

Hexenkraut mit Herzblättern: Ins Dekolleté gesteckt, verleiht es ein besonderes Charisma!

An der ganzen Mauer entlang wachsen Zauberfarne

Braunstieliger Streifenfarn, ein Kosmopolit, auf der ganzen Welt zu Hause. Mauerraute und Streifenfarn lieben sich!

raute *(Asplenium ruta-muraria)* und der **Braunstielige Streifenfarn** *(Asplenium trichomanes)*. Rechts am Wegrand warten **Nelkenwurz** (Liebeskraut, dazu macht man Wein aus der pinkfarbenen Wurzel), **Knoblauchsrauke** (Blattsaft äußerlich gegen Insektenstiche), der **Aronstab** mit seinem seltsam lilafarbenen Kolben in der weißen Scheide (giftig) und die rankende fünfblättrige **Jungfernrebe** *(Parthenocissus quinquefolia)*, die im Herbst einen Farbrausch in Rot liefert. Im Frühjahr dürfen die jungen Blättchen in den Salat. Spüren Sie die leichte Säure beim Probieren?

Außerdem finden Sie hier **Hopfen** und **Hexenkraut**: Eine wahrlich sagenhafte Zusammenstellung von Hexenkräutern, Liebespflanzen und Guinessbuch-Vertretern (**Aronstab**, der seine Kolbentemperatur als einziger auf 37 Grad hochheizen kann!).

Links hoch die Treppe führt nun in die Parkanlage des Gethmannschen Gartens. Auf Wikipedia kann man dazu lesen:

Der Garten wurde 1808 vom Kommerzienrat Carl Friedrich Gethmann (1777–1865) „zur

Ein Fisch? Im Wald?!   Eine Brücke im Nichts ...

Freude und Erholung seiner Mitbürger und aller Besucher des Städtchens Blankenstein" angelegt. Der Garten gehörte zu den ersten öffentlichen Gärten in Deutschland, die jedem Bürger frei zugänglich waren. Er entsprach in seiner Gestaltung dem neuen zeitgenössischen Ideal des Landschaftsgartens. In einem Artikel der Märkischen Blätter aus dem Jahre 1868 schrieb man über die Anlage: „So bleibt es doch unbestritten, daß der Gethmann'sche Garten vermittelst seiner herrlichen Höhenlage und der effectmachenden, sinnreich und geschmackvoll geordneten Flora den Naturliebhabern etwas ideell Paradiesisches bietet, wie es denselben an zweiter Stelle in Westphalen und Rheinland schwerlich dürfte geboten werden."

Nun, so weit würde ich vielleicht nicht mehr gehen, habe ich doch heute den Vergleich mit dem Rombergpark. Aber für die damalige Zeit, wo man noch jedes Stück gerodeter Erde brauchte, um darauf Essbares anzupflanzen, waren solche Parkanlagen eine große Sensation!

Hier dominieren Baumveteranen: alte **Eschen**, **Bergahorn-** und **Spitzahorn**bäume, **Buchen**, **Rosskastanien** und **Maronen**. Dazwischen sind weite Rasenflächen und schöne Alleen. Einige alte Bäume zeigen seltsame Gesichter und Verwachsungen.

Die Gartenerbauer haben uns eine herrliche kleine Brücke hinterlassen, einfach so, ohne Notwendigkeit, aus purer Schönheit! So etwas würde ich, wenn ich es hier nicht selbst gesehen hätte, sonst nur den Engländern zutrauen!

Auch im Herbst lohnt ein Gang durch den Park. Alle paar Jahre können Sie hier reichlich ernten, und zwar **Maronen**, **Kastanien** und **Walnüsse**. Letztere haben sich hier von selbst sehr stark ausgebreitet. Nun, Eichhörnchen haben auch etwas dabei geholfen. Es gibt **Bucheckern**, **Haselnüsse** und die **Eibenbeeren** (aber nur ohne Kern genießbar, der ist giftig!).

Ein Gang an der Hangkante entlang parallel zur Ruhr lohnt unbedingt. Der „Blick" ins Ruhrtal ist stellenweise unmöglich, da völlig zugewachsen. Es gibt zwei Aussichtsplattformen. Der „Belvedere", die größere und offenere, erlaubt Ihnen einen herrlichen Blick weit ins Ruhrtal bis zum Kemnader See und nach Stiepel. Hier können Sie sich vorstellen, wie sich die Herrscher früherer Zeiten, zum Beispiel die der Burg Blankenstein, mit einem solchen Blick gefühlt haben müssen: groß, mächtig und unbesiegbar. Eine tolle Aussicht! Auch in die Baumkronen direkt daneben! Umgeben von **Ilex**sträuchern … Das war doch der, der alles Böse abhält. Nicht umsonst ist doch daraus Harry Potters Zauberstab. Also auch noch ein magischer Ort an dieser Plattform!

Am Fuß der gemauerten Plattform habe ich **Tüpfelfarn** gefunden. Ein Schätzchen, dessen Wurzel früher im Winter geerntet und wie Süßholz gekaut wurde. Nicht umsonst heißt er auch „Engelsüß" (*Polypodium vulgare*).

Verschiedene Wege durch den Gartenpark führen zum Ausgangspunkt zurück. Sie kommen an einem Spielplatz vorbei und dahinter wieder am Stadtmuseum raus.

Wenn Sie nun noch gerne einen langen Spaziergang durch wilde Wälder anschließen möchten, können Sie an der „Freiheit" auch die asphaltierte Straße bergab Richtung Ruhr ins Tal gehen. Dort treffen Sie Baumveteranen mit Baumgesichtern. Das machen alte Bäume ja oft, wenn sie viel erlebt haben. Diese am Steilhang sind durch Windbruch oder Hangrutschung schon durch schwierige Zeiten gegangen.

An die Ruhr kommen Sie unten so gut wie gar nicht. Unten stoßen Sie auf die Bahnlinie, rechts davon direkt an der Ruhr ist Naturschutzgebiet, nicht zu betreten. Wenn Sie links weitergehen, führt der Weg weiter am Hang entlang durch alte **Buchen**wälder und wieder bergauf. Diesen letzten Teil fand ich persönlich nicht so schön. Er führt etwa 700 Meter am Hang entlang, dann links herum durch Blankenstein-Dorf über Straßen ca. 700 Meter bis zum Ausgangspunkt zurück.

Schöner finde ich das Wäldchen am Hang, wenn Sie vom Parkplatz Im Tünken aus unterhalb der Burg bergab wandern. Hier hab ich schon etliche Baumgesichter fotografiert. Auf einem kleinen Rundweg geht es wieder zurück.

Haben Sie noch mehr Wanderlust? Dann lohnt sich ein Weg durch den wilden Katzenstein. Zum Katzenstein kommen Sie, wenn Sie von Blankenstein aus Richtung Witten fahren und an der Wittener Straße auf dem großen Parkplatz rechts an der Imbissbude parken. Gehen Sie ca. 50 Meter die Straße hinunter. Dort ist rechts ein schmaler Zugang zum Wald. Oben können Sie einen kleinen Rundweg gehen und dann zum Waldeingang, wo Sie hochgegangen sind, zurück.

Der Katzenstein ist ein Naturschutzgebiet an einem steilen Hang, mit schroffen Felsen und einem alten ehrwürdigen Buchenwald, voll mit **Ilex**, **Moosen** und **Farnen**. Sehr urig und schön, aber wie Buchenwälder nun mal in ihrer „sauren" Urform bei uns so sind: nicht besonders artenreich in der Krautschicht. Dafür dürfen Sie seltsam geformte Bäume genießen, die sich an die Felsen klammern, und sich auf wunderbare Ausblicke ins Ruhrtal und auf die Wasserburg Kemnade freuen.

Tour 11

Dortmund: April, April im Rombergpark

ⓘ Parken auf dem großen Parkplatz, der auch zum Zoo gehört. Fürs Navi: Der Parkplatz ist etwa gegenüber von Mergelteichstraße 47. Das Café Orchidée neben den Pflanzenschauhäusern ist in der Mergelteichstraße 40.

Wer durch den Botanischen Garten Rombergpark in Dortmund geht und sich an dessen Schönheit erfreut, fragt sich vielleicht, was dort für seltsame Bäume stehen, mit nach unten (!) wachsenden Zweigen, mit bizarren Formen, mit korkenzieherartig verdrehten Ästen. Eine Mutation? Eine Krankheit? Und ein Bach mit braunem Wasser! Warum riecht der so seltsam? Ist das etwa ein ehemaliger, verseuchter Industriestandort?

Nein! Im Botanischen Garten Rombergpark erwartet den Besucher eine international bedeutsame Sammlung von über 4500 zum Teil exotischen Bäumen und Sträuchern und eine Vielzahl weiterer Pflanzen aus allen Erdteilen. Er ist in jedem Monat eine Reise wert. Und immer offen. 365 Tage, Tag und Nacht und ohne Eintritt. Ab April ist er für einige Wochen besonders bunt, aber auch der Spätsommer und der Herbst bieten eine unglaubliche Vielfalt an Farben. Die englischen Staudenbeete bieten das ganze Jahr über einen bezaubernden Anblick. Übrigens angefangen hat das Ganze vor fast 200 Jahren, ja, so alt sind Teile des Parks und manche Bäume hier bereits.

Vom Parkplatz am Zoo (Mergelteichstraße) gehen Sie nun Richtung Zoo. An einer Wegekreuzung geht es rechts zum Zooeingang, links eine kleine Steigung hoch und geradeaus über einen breiten Weg weiter. Versuchen Sie hier

Bild o.l.:
Typische Hartriegelblätter mit gebogenen Blattnerven

Bild o.r.:
Blühender Blumenhartriegel

kurz, die Orientierung zu bekommen: Geradeaus die breite Straße teilt den Park in zwei Hälften. Links ist eine hügelige Landschaft mit vielen kleinen mäandrierenden Wegen, wo ich mich mit schöner Regelmäßigkeit verlaufe, die Nase immer in der Luft, fasziniert von all den Blättern, Blüten, Stammformen, Gemälde-Landschaften. Rechts führt ein Weg in den Waldbereich, den wir uns später anschauen.

Sie wenden nun den Blick an der „Kreuzung" nach links und sehen auf eine neu mit Sträuchern bepflanzte und eingezäunte Rasenfläche. Hier wurde im Jahr 2012 eine Sammlung von **Blumen-Hartriegeln** *(Cornus)* gepflanzt. Seltsamer Name, Hartriegel? Die haben besonders hartes Holz. Die Hartriegel erkennt man daran, dass die Blattnerven flammengleich schwungvoll alle in Richtung Blattspitze verlaufen und nicht wie zum Beispiel bei der Buche zu den Seiten des Blattes. Bald können Sie die hübschen weißen Blüten bewundern. Ab August tragen die Sträucher himbeerähnliche, essbare Früchte, die allerdings bei einigen Arten so groß sind wie Aprikosen! Ich habe mal eine gekostet: Super-lecker. Mit Himbeergeschmack! Jetzt weiß ich, warum sie eingezäunt sind … Nun gehen Sie mit dem Rücken zum Zooeingang die kleine Steigung hoch bis zum Café Orchidée.

Schwiegermuttersitze im Kakteenhaus

Nein, keine Schnecke! Tropischer Farn

Orchidee

Links vom Café lohnen die Pflanzenschauhäuser einen Besuch. Nicht zuletzt, weil Sie am Eingang eine großformatige Karte des Parks bekommen, die die Orientierung im weitläufigen Gelände erleichtert. Ohne Plan läuft man an vielen Attraktionen vorbei. Sie können aber auch schon vorher einen Übersichtsplan von der Homepage des Freundeskreises des Botanischen Gartens, www.freundes-

Beispiel aus der herrlichen Kameliensammlung im Gewächshaus

Kräutertour de Ruhr

kreis-botanischer-garten-rombergpark.org, gleich auf der ersten Seite, herunterladen.

Die Pflanzenschauhäuser bieten blühende **Orchideen**, baumartig wachsende **Farne** aus Tasmanien und Schlingpflanzen mit gigantischen Blättern. Ab März locken herrlich blühende **Kamelien** in Bonbonfarben (rosa, rot, weiß, gesprenkelt, meliert). Im Kakteen- und Sukkulentenhaus finden Sie neben dem „Schwiegermuttersitz" *(Echinocactus)* – das sind runde Kakteen, so groß wie Sitzkissen – eine interessante Sammlung mit Sukkulenten aus aller Welt, von denen einige durch ihre Riesenblüten verblüffen.

Wenn Sie genug feucht-heiße Tropenhausluft geschnuppert haben, wenden Sie sich den mäandrierenden Wegen zu. In der Nähe der Gewächshäuser befindet sich das Krüssmann- und das Nose-Arboretum. Beide Persönlichkeiten sorgten für eine Vielzahl der interessanten Baumarten hier. Einen besonders schönen Anblick bietet im April/Mai die mit **japanischen Kirschbäumen** bestandene Stoffregen-Allee, benannt nach ihrem Stifter aus den 1930er Jahren. Die Bäumchen hier sind aber viel jünger! Die Allee wurde vollständig nach altem Vorbild rekonstruiert. Es gibt keinen anderen mir bekannten Ort, wo so viele Pink- und Rosatöne auf einmal zu bewundern sind.

Bild o.l.:
Viele exotische Ahornarten zeigen im April allerliebst zarte Blüten …

Bild o.r.:
… und Blättchen

Bild o.l.:
Zierkirschen in großer Vielfalt

Bild Mitte:
Faszinierend! Meine Lieblingsfarbe!

Bild o.r.:
Farben und Formen

In das nun folgende Primeltal sollten Sie einmal hangabwärts gehen in Richtung Hauptweg, der ja den Park teilt, und sich an dem märchenhaften Anblick erfreuen. Am roten Bach fällt Ihnen sofort die im April schreiend gelb blühende riesige **Scheinkalla** *(Lysichiton americanus)* auf. Diese Pflanze kommt aus Nordamerika und heißt auch „Stinktierkohl". Nun, die Blüten an dem Kolben, der in der Mitte des gelben Hochblattes steht, stinken. Für wen wohl? Für Aasfliegen natürlich!

Für mich ist hier einer der magischsten Orte in diesem Park. Der Bach ist braun durch seinen hohen Eisengehalt und riecht seltsam. Der Geruch stammt von Bakterien, die von den eisenhaltigen Mineralien in diesem Bach leben. Er ist von **Straußenfarnen** und **Königsfarnen** umgeben und bietet ein Bild wie in einem alten Märchenbuch. Allerdings: Magische Orte gibt es hier noch viel mehr!

Gehen Sie nun ein paar Meter auf dem Hauptweg weiter und dann wieder links hoch. Jetzt erreichen Sie eine Versammlung von Bonbonfarben! Die **Rhododendron-** und **Azaleen**sammlung aus aller Welt hier ist von April bis Juni zauberhaft und weltberühmt, und vielleicht hat sie noch mehr Rosa-, Rot- und Lilatöne als die japanischen Kirschen. Einige Rhododendren erwarten Sie mit ihren Blüten bereits im Februar. Das hier gezeigte Farbspektrum ist so unglaublich, dass einem die Worte fehlen.

Der hübsch angelegte ehemalige alte Schulgarten ist ebenfalls interessant. Linksseitig befindet sich am Ende des Schulgartens ein Kleinod, nämlich der Loki-Schmidt-Gatten, ein Refugium für bedrohte Pflanzen, der von Mitgliedern des Freundeskreises gepflegt wird. Hier kann man als Botaniker endlich einmal ein paar Arten live sehen, die man sonst nur aus Büchern kennt. An dieser Stelle erinnert man sich an die unvergessene Naturschützerin Prof. Dr. h.c. Loki Schmidt.

Straußenfarn am Rotbach mit Bischofsstab, links daneben ein Aronstab

Besonders schön finde ich auch das Gefühl, im **Pappel**rondell zu stehen, auch wenn die Bäumchen noch ganz jung sind und noch ein paar Jahre brauchen werden, um ihre in den 1930er Jahren gepflanzten Vorgänger in Wirkung und Funktion zu erreichen. So ähnlich muss es sich auf alten Kultplätzen anfühlen. Oder in Stonehenge?

Scheinkalla *(Lysichiton americanus)* am Rotbach

Hinter dem Lehrbienenstand und dem Heilkräutergarten finden Sie das Gebiet der größten künstlich angelegten „Moorheide" Europas, das zu den größten Gartenbauwerken dieser Art in Europa zählt und das Sie in eine völlig andere Welt befördert. Ruhe!

Dahinter finden Sie die betörend bunten englischen Staudenbeete mit nie gesehenen Sorten und Riesenblüten. Nie gesehen? Doch, in den herrlichen Gärten Süd-Englands. Da erwächst gleich bei mir die Sehnsucht, wieder nach Kent zu fahren.

Rotbach mit noch jugendlicher Pestwurz

Weiter rechts davon können Sie mit gemessenem Schritt die berühmte „**Linden**allee" von 1822 durchschreiten, eine Attraktion, die so angelegt ist, dass die Perspektive besonders wirksam sichtbar wird: Die Baumreihen ver-

Sommer-Knotenblume *(Leucojum aestivum)*

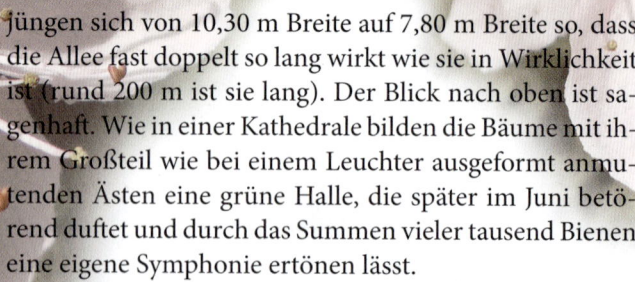

jüngen sich von 10,30 m Breite auf 7,80 m Breite so, dass die Allee fast doppelt so lang wirkt wie sie in Wirklichkeit ist (rund 200 m ist sie lang). Der Blick nach oben ist sagenhaft. Wie in einer Kathedrale bilden die Bäume mit ihrem Großteil wie bei einem Leuchter ausgeformt anmutenden Ästen eine grüne Halle, die später im Juni betörend duftet und durch das Summen vieler tausend Bienen eine eigene Symphonie ertönen lässt.

Vielleicht leiden Sie nun gerade etwas unter Reizüberflutung? Dann empfehle ich zunächst den Gang auf den Hauptweg, der den Garten teilt. Genießen Sie nun den großen Teich: Auf der alten Brücke ins Wasser schauen, träge den Enten mit den Blicken folgen und ausruhen ... Um den Teich stehen noch einige Baumdenkmäler, die einen Blick lohnen. Auch dies: eine Oase der Ruhe, uralte **Platanen**, **Blutbuchen** und eine seltsam wachsende **Roteiche**. Nun gehen Sie auf dem breiten Hauptweg zum Ausgangspunkt am Zoo zurück. Rechts fällt Ihnen vielleicht die **Farnblättrige Buche** auf. Am Kiosk und zugleich dem Ende der zuvor beschriebenen Lindenallee empfängt Sie eine **Eichenblättrige Buche**, mit einem Austrieb wie aus feinstem Kupfer geschmiedet und mit silbrigen Härchen überzogen. Nun darf Ihr Blick in die Ferne schweifen, auf die große Feuchtwiese mit dem Wiesenbach und zu gegebener Zeit auch auf eine Herde Schafe, blühende **Sumpfdotterblumen**, **Wiesenschaumkraut** und **Narzissen**, einfach bezaubernd.

Am Ausgangpunkt Zoo angekommen, drehen Sie nun um 180 Grad und wenden sich dem waldreichen Teil rechts vom Hauptweg zu. Sie gehen an der Schondelle entlang, die mittlerweile renaturiert wurde und in die Emscher mündet. Hier können Sie gleich die blühende **Pestwurz** bewundern, dieses Kraut, welches so entkrampfend wirkt, dass sich die Hippies früher Zigaretten aus den Blättern gedreht haben. Die Medikamente aus den Wurzeln helfen gegen Asthma und Migräne. Die Blätter werden im

Welch herrliche Zier-Kastanie!

Sommer im Durchmesser bis zu 60 cm groß und eignen sich als Sonnen- oder Regenhut. Für die, die Wichtel-Outfit lieben. Oder in der Wildnis einen Schutz brauchen. Ich liebe diesen wilden Ort, das glitzernde Wasser, die großen Blätter, die hängenden Zweige der **Erlen** und **Weiden** …

Bild o.l.: Der renaturierte Bach mit Pestwurzelfeldern.

Bild o.r.: Der Sumpfzypressenteich, hier ein Foto von November, die Nadeln der Zypressen sind schon rot gefärbt, eine Traumlandschaft. So war es vor zwei Millionen Jahren bei uns

Gehen Sie bei der zweiten Gelegenheit rechts hoch in den Wald. Nun kommen Sie zum Geografischen Arboretum mit einer Baumsammlung mit Gehölzen aus Asien, Nord- und Südamerika, welches einen schattigen Spaziergang unter großen Bäumen verspricht. Am Ende des Waldspazierganges erwartet Sie das Highlight des Parks, finde ich. Ein kleiner Teich mit **Sumpfzypressen** *(Taxodium distichum)*. Sie wurden in den 50er Jahren durch den damaligen Parkleiter Gerd Krüssmann gepflanzt. Ein Platz zum Träumen! Die Stämme ragen aus dem Wasser, die weichen Nadeln bewegen sich leicht im Wind … wieder so ein Ort zum totalen Abschalten und Entspannen. Diese Bäume kamen bis vor zwei Millionen Jahren auch bei uns vor. Die Eiszeit haben sie leider nicht überlebt. Heute finden wir ihre Reste in der Braunkohle.

Wieder zurück auf dem großen Hauptweg in der Parkmitte sind Sie nun wieder am großen Teich, aber von der anderen Seite. Nun können Sie auf dem ebenerdigen Weg an der Schondelle zurück zum Ausgangspunkt gehen.

Tja, und wem das immer noch nicht reicht, gleich nebenan ist der Dortmunder Zoo.

Mai

Holunderblüten für Gourmets

Holunderblütenlimo mag jeder! Nicht zuletzt, seit es die im Bioladen gibt. Zum Herstellen der Limo macht man mit folgendem Rezept zuerst einen Liter Sirup.

Holunderblütensirup

Legen Sie 15 Holunderblütendolden zusammen mit einer in Scheiben geschnittenen Bio-Zitrone in 1 Liter Wasser. Dann wird das Ganze mit einem Geschirrtuch bedeckt. Nun muss es 24 Stunden ziehen.
Danach gießen Sie alles durch ein Sieb in einen Topf, geben 1 kg Zucker und den Saft einer Zitrone dazu, kochen auf und füllen heiß in abgekochte Flaschen ab.

Die Limo macht man, indem man einen kleinen Teil Sirup mit Wasser, Mineralwasser oder Tee vermischt. Köstlich schmeckt ein Löffel Sirup auch in Früchtetee oder Kräutertee oder pur über Süßspeisen.

Bild Seite 122: Holunderblüten

Holunderblütenlikör

35 Blütendolden mit 50 g Zitronensäure für 24 Stunden in 3 Liter Wasser legen. Durch ein Sieb und einen Kaffeefilter filtrieren. Dazu 3 Liter Wodka und 1 kg Zucker geben.

Für Groß und Klein ist folgendes Rezept ohne Alkohol:

Hollerküchlein

für 4 Personen:
2 Eier, 1/4 l Wasser (oder Milch oder trockener Weißwein), 4 EL Zucker (Vollrohrzucker), 1 Prise Salz, 150 g Vollkornmehl, 8 frische Holunderblütendolden, 1/2 l Öl, 4 Kugeln Vanille-Eis (Puderzucker zum Bestäuben)
Eier, Wasser, Zucker und Salz verrühren. Mehl nach und nach unter Rühren zufügen. Teig ca. 30 Minuten quellen lassen. Holunderblütendolden vorsichtig waschen und gut abtropfen lassen. Öl in einem großen Topf auf ca. 180 °C erhitzen. Blütendolden nacheinander in den Ausbackteig tauchen, etwas abtropfen lassen und ins heiße Fett geben. Blütendolden 2–3 Minuten goldgelb ausbacken und auf Küchenpapier abtropfen lassen. Ausgebackene Holunderblüten und je 1 Eiskugel auf Tellern anrichten. Mit Puderzucker bestäuben.

Noch ein aktueller Tipp: Die Holunderblüten in diesem Rezept können Sie auch durch die im Mai blühenden **Robinien**blüten ersetzen. An weiß blühenden Bäumen am Straßenrand zu pflücken – wenn Sie dran kommen. Ansonsten laben sich die Bienen dran. Eine herrliche Bienenweide! Vorsicht beim Pflücken: Der Baum hat Dornen!

Ruhr-Rhabarber

Der **Japanische Staudenknöterich** oder die „Gummipeitsche" (Kindermund) ist aktuell besser als Rhabarber. Die

zarten frischen Stängel schmecken roh oder gekocht, auf Kuchen oder Schokopudding. Man schneidet die Knoten raus, schält die äußere Schicht ganz dünn mit einem Messer ab und kann sofort reinbeißen. Er lässt sich wie Rhabarber zu Kuchen verarbeiten. Oder zu Kompott.

Dieses Schätzchen heißt auf lateinisch *Fallopia japonica* oder als Synonym *Reynoutria japonica* und wurde ursprünglich 1823 aus dem asiatischen Raum als Zierpflanze eingeführt. Wer ihn unvoreingenommen anschaut, wird seine Schönheit erkennen: die rot gefleckten Stängel, die später überbordenden Blütenstände in Cremeweiß, die Blätter, die am unteren Rand so seltsam, wie mit einer

Bild o.l.:
Die Ringlein kann man auch roh essen und über Pudding geben.

Bild o.r.:
Die „Gummipeitsche". Probieren Sie mal. Nach 5 Minuten anwelken lassen wissen Sie, warum. Diese zarten Peitschchen sind auf dem Kuchen gelandet.

Knöterichkompott

100 ml Weißwein und 150 ml Birnendicksaft kurz aufkochen, dazu 300 g geschälter Knöterich in 3 mm dünne Ringe geschnitten, alles eine Minute aufkochen, heiß in luftdicht verschließbare Schraubdeckelgläser füllen. Das passt zu Eis, Joghurt oder Schokopudding.

Knöterich-Mädchen in meinem Blumenkasten. Es ist doch beruhigend, wenn man so ein Allheilmittel aus der traditionellen chinesischen Medizin zu Hause hat

Schere abgeschnitten, wirken. Warum breitet er sich so aggressiv eigentlich erst in den letzten 20 Jahren aus? Wie die meisten Neophyten, die auch schon seit 200 Jahren vor Ort sind? Eine spannende, noch nicht schlüssig zu beantwortende Frage.

Vor Jahrzehnten wurde er großflächig angebaut, weil eine so schnell wachsende ertragreiche Pflanze doch ein herrliches Tierfutter ergeben müsste. Leider sind Kühe nicht solche Gourmets (wie wir) und fanden und finden ihn zu sauer. Nun müssen Sie ihn wohl oder übel essen: Betreiben Sie aktiven Naturschutz und essen Sie Knöterich! Sonst breitet er sich noch mehr aus.

Erkennbar ist er an den bambusähnlichen Stängeln (mit „Knoten", deshalb heißt er Knöterich), die ersten Blätter sind rötlich und eingerollt und er wächst bis zu 30 Zentimeter am Tag! Trauen Sie also Ihren Augen ruhig. Wo gestern noch Wüste war, steht in drei Tagen ein Dickicht. Er teilt sich die asiatische Schnellwüchsigkeit mit der **Herkulesstaude** und dem **Drüsigen Springkraut**.

Dass die Wurzel ein Allheilmittel ist, der Bienenhonig von dieser Pflanze preisgekrönt ist und die getrockneten Stängel als Vuvuzela zu gebrauchen sind, habe ich schon ausführlich in „Paradies in Grün" beschrieben.

Der **Japanische Knöterich** breitet sich nicht über Samen, sondern nur über Ausläufer aus. Es gibt bei uns fast nur weibliche Pflanzen! Breitet er sich so aus auf der Suche nach den Männern? Das ist die (vielleicht nicht ganz ernst gemeinte) Vermutung von Wolf-Dieter Storl in „Wandernde Pflanzen".

Die abgeschnittenen Stängelstücke, mit einer sehr scharfen Rosenschere je unter einem Knoten geschnitten, sind ein Universal-Hilfsmittel für meine Sammlung „Allein und ohne alles in der Wildnis verloren gegangen": Eine edle Tasse (zugegeben in Reagenzglasform, stylisch eben), aus der ich das frische Pflanzenwasser trinken könnte, aber auch eine Vase, die ich in der Wildnis gleich in ein

Astloch stelle, ein Blümlein rein und schon fühle ich mich im wilden Wald zu Hause … Ein Freund von mir füllt die Stängel mit Wasser, stellt eine Blume rein, den Stängel dann in die obere Hemdtasche und überreicht sie beim Treffen seiner Freundin. Stylischer geht's nicht, oder? Und in der Not kann ich drauf pfeifen und Hilfe herbeiholen oder einfach für die gute Laune. Die kompostierbare Flöte für die Kinderparty an der Ruhr.

Er kommt mittlerweile Spalier stehend an vielen Straßenrändern vor, also nicht nur an der Ruhr, sondern auch auf alten Zechen- und Industriebrachen, Müllhalden und Parkplätzen. Wie ist er da nur hingekommen ohne Samen? Mit Erdarbeiten oder Wühlmäusen, aber auch mit dem Gartenaushub von wütenden Gärtnern, die ihre Reste in den Wald oder an den Straßenrand entsorgt haben.

Knöterichtorte. Diese habe ich meinen Freunden als exotische Gourmetspeise aus dem fernen Japan zu Ostern serviert!

Knöterich-Torte

Für den Teig mischt man 120 g Butter, 250 g Dinkelmehl, 3 EL braunen Zucker, 1 EL Zimt und knetet. Dann 1 EL Magerquark dazu kneten. Eine Springform mit Backpapier auslegen, den Teig auf dem Boden verteilen und einen Rand formen.
In diese „Schüssel" kommt die Füllung: 30 dicke Knöterichstücke dünn schälen, in 2 mm dicke Ringlein schneiden und auf den Teig legen. Darauf kommt der Guss aus 3 Eiern, 300 g Quark, 6 EL Zucker. 1 Stunde im Backofen bei 180 Grad backen. Mit geschlagener Sahne servieren und frischen Knöterich-Ringlein garnieren. Variante: Mit Walnüssen garnieren oder Füllung zur Hälfte durch Erdbeeren ersetzen.

Aktuell im Mai sammeln

Im Moment könnten Sie folgende Blüten essen:
» **Fuchsien,** passen zu jedem Salat, als Deko und herb-zart-süße Geschmacksnote oder einfach so, mal eine beim Nachbarn zu naschen. Am besten schmecken die Knospen
» **Margerite,** klein zerfasern, gehören nicht zu meinen Gourmet-Favourites, die weißen Blütchen sehen aber als Deko bezaubernd aus
» Alle **Mohnblumen,** egal ob rot, orange oder gelb (nur die Blütenblätter)
» **Stiefmütterchen, Hornveilchen** mit dem typischen Veilchengeschmack
» **Beinwell** in Babyfarben rosa und blau
» **Borretsch** in Himmelblau
» **Vergissmeinnicht** (große Blüten vom Wald-, Mini-Blüten vom Acker-Vergissmeinnicht)

Rosen

Buchenkeimlinge: mineralreich im Salat

Ehrenpreis-Blüten – DIE Salatdeko!

Borretschblüten – der Himmel im Salat!

Calendulablüten

Eisbegonienblüten, zitronig-knackig

Kräutertour de Ruhr

Beinwellblüten

Sauerklee, die Blüten ein Traum, die Blättchen ein Herz!

Gundermann oder „Guck durch den Zaun", immer in der Nähe des Menschen

Mai-Blüten-Salat (rosa: rote Lichtnelke, gelb: Raps, blau: Vergissmeinnicht, dazu Gänseblümchen und Ausgezupftes aus der Calendula)

Mohnblüten: Die Blütenblätter dürfen in den Salat

Rote Lichtnelke mit süßen Blüten

- **Gänseblümchen**, am besten schmecken die Knospen
- **Rosen**
- **Wald-Sauerklee** samt Blättchen
- Alle Kreuzblütler, scharf-senfige Note (**Senf, Raps, Schaumkraut, Radieschen, Ackersenf**)
- **Schnittlauch** und **Bärlauch**, zwiebeliger Blütengeschmack
- Alle **Klees** (*Trifolium*, rot, weiß, gelbe kleine, zum Beispiel Hopfenklee)
- **Kornblumen**
- **Nelken** (manche sind aber bitter)
- **Kirsche** und **Apfel**
- **Rote Lichtnelke**

Mai

Als Blättchen dürfen in den Salat:
Sauerampfer, Bärlauch, Gundermann, Schafgarbe, Vogelmiere, Schaumkräuter, Brunnenkresse, Löwenzahn, Hohlzahn, Giersch, Barbarakraut, Brennnessel, Gänseblümchen, Wegerich, Franzosenkraut, Gänsefingerkraut, Gänsedistel, Habichtskraut, Veilchen, Knoblauchsrauke …

Schokolierter Gundermann schmeckt minzig! Beide Seiten mit Backschokolade einpinseln, dann in den Kühlschrank! Und dann dafür sorgen, dass man überhaupt noch eins mitkriegt.

Und natürlich gehört zum Mai die **Holunder**blüte. Verarbeitet zu Sirup, Likör, Hollerküchlein oder getrocknet für Tee. Und die Gundermann-Schokolade: Für das pflanzliche „After eight".

Wenn Sie für die eigene Apotheke Kräuter konservieren möchten, sollten Sie im Mai Folgendes ernten:
» Eingerollte Farnspitzchen vom **Wurmfarn** (Tinktur äußerlich gegen Schmerzen)
» **Stinkenden Storchschnabel**, die Tinktur innerlich ist wie Rescue-Tropfen zu gebrauchen, zum Beispiel bei Schock. Äußerlich wirkt der aufgetragene Blattsaft auch direkt gegen Herpes.

130 ∫ Kräutertour de Ruhr

- » **Spitzwegerich**blätter für Tinktur, die äußerlich gegen das Jucken der Insektenstiche hilft
- » Blüten des **Weißdorn** sammeln. Die Knospen, die aussehen wie ein weißer Edelstein in einer Fassung (allerliebst, genau hinschauen lohnt sich!), sind am heilkräftigsten. Eine Teekur damit über 4 Wochen (3 Tassen täglich) stärkt das Herz und senkt den Blutdruck
- » **Waldmeister** pflücken, trocknen und in Duftkissen verarbeiten. Der Cumarinduft ist herrlich, beruhigt und fördert den Schlaf
- » Blätter vom **Lungenkraut** abernten, einige in den Salat. Nur Verpimpelte haben Probleme mit den rauen Blättern, nicht umsonst gehören die Pflanzen ja zu den Raublattgewächsen. Den Rest trocknen für Hustentee. Wir Kräuteresser sind ja nie krank und brauchen den nicht, aber ich dachte, für die Nachbarn. Das Lungenkraut enthält Schleimstoffe und hüllt, wie Schleime so sind, die gereizten Nerven schützend ein, vermindert damit den Hustenreiz bei Bronchitis und Raucherhusten und tut als Tee einfach gut. Bei Husten und Grippe sollte er kombiniert werden mit desinfizierenden Pflanzen wie Salbei und Thymian und Auswurf fördernden Pflanzen wie Kastanienblüten.
- » **Gundermann** mit Blüten und Blättern als Urtinktur: Frische Pflanze in Alkohol einlegen (siehe Anhang: Tinkturzubereitung). Laut Roger Kalbermatten (Ur-Tinkturen) gibt die Pflanze chronisch Kranken die Zuversicht, über Selbstheilungskräfte zu verfügen, mit denen sie doch ihre Krankheit heilen können. Außerdem entgiftet sie von Schwermetallen

Tour 12

Essen: Kettwiger Ruhrufer mit Zauberkräutern und Distelgemüse

 Vor Moldts Brückencafé, Am Mühlengraben 4. Danach dort Torte und Tee oder Eis im Eiscafé gegenüber.

Direkt neben dem Café, gegenüber der Eisdiele, wuchsen im Jahr 2014 vor den alten Mauern im Beet saftige **Vogelmieren**. Mit Super-Vitamingehalt. Natürlich finden Sie die nur, wenn nicht gerade die städtischen Gärtner das ganze Kraut selbst gegessen haben. Falls noch welche übrig sind, genießen Sie doch spontan ein paar Blättchen. Sollten Sie sich zufällig gerade einsam fühlen, spricht Sie vielleicht an dieser frequentierten Stelle ein freundlicher Passant oder eine freundliche Passantin an: „Was essen Sie denn da? Ist das nicht giftig?" Oder: „Wissen Sie schon, dass im Rasen da vorne auch **Hornkraut** wächst? Das schmeckt noch

Bild l.: Hexenkraut bzw. „Charisma-"Kraut

Bild r.: Natternkopf, gehört zu den Raublattgewächsen. Fühlen Sie mal.

besser." Und schon können Sie möglicherweise den Rest der Tour zu zweit genießen …
Wenn Sie von dort weiter zur Ruhr gehen, finden Sie in den angelegten Beeten mit Zierblumen unterhalb der großen Mauer vermutlich wieder **Frauenmantel**-Stauden (Zierpflanze *Alchemilla mollis*). Als Beikräuter stehen hier massenweise **Hexenkraut** *(Circea lutetiana)* und **Stinkender Storchschnabel** *(Geranium robertianum)*, ebenfalls nur, falls der Gärtner … siehe oben. Letzterer (nicht der Gärtner) kann in Rotwein eingelegt werden als Liebestrank.

Das Liebestrank-Rezept

Ca. 100 g Storchschnabelkraut mit Blüten und Blättern in 500 ml Rotwein, 100 g Wodka, 100 g Zucker, etwas Anis und Zimt einlegen, nach 3 Wochen abgießen. Bei Schwangerschaftswunsch genießen beide allabendlich ein Pinnchen.

Das **Hexenkraut**, das nicht umsonst auch „Charisma-Kraut" heißt, soll, wenn frau es ins Dekolleté steckt, ihr eine ungeheure Anziehungskraft verleihen. Zu erkennen ist es an den herzförmigen Blättern, die sich jeweils am Stängel paarweise gegenüber stehen. Die Blütchen sind klein, weiß und unscheinbar. Die kleinen Klettenfrüchte können Sie Ihrer Liebsten oder Ihrem Liebsten anheften, wenn Sie ihn oder sie für immer an sich binden möchten. So machte man es jedenfalls in früheren Zeiten.

Diesen kurzen Wegabschnitt könnte ich Ihnen nun schon als Liebeskräuterweg verkaufen. Mir ist allerdings nicht bekannt, ob die Kettwiger fruchtbarer sind als die restlichen Essener.

Wenden Sie sich nun nach links, gehen Sie unter der Brücke durch und schauen Sie nach links auf die Blattrosetten. Diese stammen von dem blau blühenden, hübschen, essbaren **Natternkopf** *(Echium vulgare).* Heißt der so, weil seine Blüten nach rechts und links gucken? Seine Blätter sind zugegeben sehr rau behaart. Das darf er! Er gehört ja nicht umsonst zu den Raublattgewächsen. Aus dieser Pflanzenfamilie hatten Sie vielleicht schon einmal Beinwell, Borretsch (noch rauer!) und das Vergissmeinnicht im Salat. Der Natternkopf ist saftig und die Blüten sind als Deko im Salat mit ihrer Himmelsfarbe und den roten Staubblättern an Schönheit kaum zu überbieten. Vielleicht kennen Sie seine Gigantismus-Verwandten, die bis zu drei Meter hohen Natternköpfe aus Teneriffa? Übrigens heißt der Effekt in der Fachsprache wirklich Gigantismus. Ich schneide Natternkopf-Blätter für den Salat immer in kleinste Stückchen, wie Schnittlauch. Bisher hat sich noch keiner beschwert.

In den angelegten Beeten neben den gepflanzten Blumenschönheiten finden sich allerlei **Disteln**. Betreiben Sie aktiven Anlagenschutz und essen Sie statt der dort gepflanzten Stiefmütterchen diese! Die saftigen Stängel mit Handschuhen und Messer erst abschälen, dann beherzt reinbeißen. Sie werden sich über den frischen, angenehm saftigen Geschmack freuen. Nebenbei haben Sie wieder ein Überlebenskraut kennen gelernt, welches in Notzeiten sauberes Wasser liefert. Die Rabatten nun lassen wir links liegen, auch wenn dort einiges Heilsame wächst. Im Frühling 2014 war dort der rot blühende Zier-**Schlangenknöterich** angepflanzt, dessen Wurzel sich schlangenartig windet und ein herrliches Medikament gegen Durchfall wäre ...

Wenn Sie den Promenadenweg weiter ruhraufwärts gehen bis zum Restaurant-Schiff Thetis, begegnet Ihnen eine besonders artenreiche Frühlingskräuterflut, da hier so viele verschiedene Lebensräume direkt aneinander gren-

zen. An der Wasserkante finden sich Uferpflanzen wie **Iris** (blüht gelb, giftig), **Kalmus** (Blätter wie Iris, aber am Rand in kleine Wellen gelegt, mit würzigem Duft, Wurzel ein herrliches Bittermittel, um Leber und Galle anzuregen) und **Mädesüß** (Blütentee gegen Kopfschmerzen, Aspirinkraut). Um die zu ernten, brauchen Sie eine helfende Hand oder Sie müssen sich anseilen, da sie direkt am Wasser wachsen und davor eine schräg gemauerte Uferkante ist.

Am gemauerten Uferrand zwischen den Steinen finden Sie ganz andere Schätzchen: Trockenheitsliebhaber wie **Wegerich** (Universalpflaster) und **Hirtentäschel** (zum Blutstillen), welches mit einer Rosette mit gezähnten Blättern auffällt. Auch die dürfen in den Salat. Die Samen von beiden darf man essen und aus den „Tascheln" des Hirtentäschels machte man früher Kinderrasseln, indem man

Hirtentäschel *(Capsella bursa-pastoris)*, hier sehen Sie die Tasche (Kapsel) des Hirten (Pastor) und die Blüte. Blüten, Blätter und Täschel sind essbar.

einfach viele getrocknete Stängel mit Samenkapseln zusammenband.

Am Wegrand werden Sie begleitet von den üblichen „Saftkräutern" wie **Giersch, Brennnessel, Taubnesseln** und **Vogelmiere** für den Salat. Daneben die „ordentlichste Pflanze Deutschlands", deren Blätter von oben gesehen wie ein Kreuz angeordnet sind und, so regelmäßig gezähnt wie mit dem Lineal abgemessen, etwas an Brennnesselblätter erinnern: der **Wolfstrapp** *(Lycopus europaeus).* So ordentlich er aussieht, so ordentlich bringt er auch ungeordnete Körperzustände ins Reine: Überall, wo etwas aus dem Ruder gelaufen ist, bei Fieber, bei nervösen Beschwerden und Herzklopfen, die sich unter anderem aus einer Überfunktion der Schilddrüse ergeben. Die Blüten müssen Sie suchen, klein, weiß und unscheinbar, rund um den Stängel gedrängt, aber die Blätter fallen einfach auf! Ich habe sie schon als Kind angestaunt.

Auch der **Japanische Knöterich** ist hier stellenweise zu Hause (als ganzes Feld links vor der Eisenbahnbrücke). Die jungen geschälten Stängelstücke essen wir im Mai immer direkt vor Ort als sauren Obstersatz. Schmeckt wie

Wolfstrapp, Blätter mit Wolfszähnen und die ordentlichste Pflanze Deutschlands! Vierkantiger Stängel und die Blätter streng gegenüber

Rhabarber. Darf er, da er zur gleichen Pflanzenfamilie gehört.

Am Rand des kleinen Wäldchens auch hier an der Eisenbahnbrücke fand ich eine seltsame rote Beere. Unbekannt. Aus dem Garten entflohen? Und mal wieder von Vögeln gepflanzt, die darüber ihre Toilette hatten? Ein exotisches Gehölz? Giftig gar? Lecker sehen die roten Beeren jedenfalls aus, aber UNTER einem Blatt? Nie gesehen. Die roten Beeren sind die Wohnhäuser einer Wespenlarve! Schön haben sie's hier, die kleinen Raupen bis zum Schlüpfen! Die Wespen-Mutter hat ihre Eier an die Unterseite der Ahornblätter gelegt und sie dann ihrem Schicksal überlassen. Eine Substanz im Ei bringt das Ahornblatt an der Stelle zum Wachsen und so wölbt sich eine rote Hülle über die kleinen Eier, aus denen dann weiße beinlose Larven schlüpfen. Vor Regen und Wind geschützt, können sie so in ihrer kugeligen Hülle groß werden, bis

Pediaspis aceris, nein, keine Beere, eine „Galle" mit einem Tier darin: der Larve der Ahorngallwespe. Schade, sieht so lecker aus …

So schön ist es in Essen an der Ruhr

sie schlüpfen. Diese „Beeren" sind also nicht giftig, aber auch nicht vegetarisch! Die vorpubertäre **Ahorngallwespe** *(Pediaspis aceris)* ist bis Anfang Juni hier jedes Jahr live zu sehen.

Es lohnt sich, von hier circa einen Kilometer bis zum „Kattenturm" weiterzugehen. Zum einen finden Sie am Wegrand noch den rankenden **Hopfen**, dessen Sprossen im Frühjahr herrlich wie Spargel schmecken, die **Große Klette**, deren Wurzeln essbar sind und aus denen man das die Kopfhaut belebende „Klettenwurzeln-Haaröl" machen kann, und rund um den Kattenturm vier (!) verschiedene **Taubnesseln (Weiße, Rote, Silberblättrige, Gefleckte)** für den Salat. Am Restaurant „Zum Kattenturm" können Sie nun einkehren. Die Wirtin sammelt Zierpflanzen und Fruchtbäume. Vielleicht kommen Sie mit ihr ins Gespräch?

Leider hat sich direkt um den Kattenturm die **Herkulesstaude** ausgebreitet. Hier also Vorsicht walten lassen beim Kräutersammeln: Bei Berührung der Herkulesstaude mit nachfolgendem Sonnenschein bilden sich auf der Haut Verbrennungen. Bei meinem letzten Besuch dort war sie mit Round-up-Pestiziden vergiftet worden, daran zu erkennen, dass sie (als einzige) komplett braun verwelkt war.

Wenn Ihnen andere Stellen an der Ruhr besser gefallen, weil dort weniger Verkehr oder Baustellen sind, stimme ich Ihnen zu. Weite Teile an der Ruhr in Essen stehen allerdings unter Naturschutz, zum Beispiel die traumhaft schönen Bereiche rund um die Rote Mühle in der Heisinger Aue. Dort dürfen Sie aber nur gucken. Hier am Promenadenweg dürfen Sie auch sammeln.

Bild o.l.:
Kattenturm

Bild Mitte.:
Fischreiher-Siesta in Essen

Bild o.r.:
Weiße Taubnessel: komplett zum Verspeisen oder Blütentee gegen Prostataleiden

Tour 13

Gelsenkirchen: Romantik-Wälder im Emscherbruch

ⓘ Gelsenkirchen-Reese, Wald-Parkplatz an der Ewaldstraße. Das ist die Fortsetzung der Wiedehopfstraße. Verwirrend mag es für Sie sein, dass ganz in der Nähe eine weitere Ewaldstraße verläuft. Die gehört aber zum Hertener Stadtgebiet und führt an der Halde Hoheward vorbei.
Zur Orientierung: Von der A 2 fahren Sie die Abfahrt Herten ab, dann rechts in die Münsterstraße, an der großen Kreuzung rechts in die Ewaldstraße. Nach 500 Metern ist auf der linken Seite (noch vor der Autobahnbrücke der A 2) der Parkplatz. Wenn Sie an der großen Kreuzung nach links gefahren wären, wären Sie zum Restaurant Waldhaus gelangt (Wiedehopfstraße). Da können Sie nachher im Biergarten einkehren. Wir machen einen Rundgang durch den Emscherbruch.

Niemals hätte ich gedacht, dass die Erbschaft des Bergbaus so schön sein könnte! Eins der schönsten, wildesten, fruchtbarsten, spannendsten Feuchtgebiete befindet sich nämlich in Gelsenkirchen, auf einem Bergsenkungsgebiet, im Landschaftspark Emscherbruch. Stellenweise ist hier Landschaftsschutz-, stellenweise Naturschutzgebiet. Leider müssen Sie während der Tour die ganze Zeit den Autobahnlärm der A 2 aushalten, die direkt daneben verläuft. So ist es eben im Ruhrgebiet ...

Gehen Sie vom Parkplatz aus, ohne die Straße zu überqueren, direkt links in den Wald. Da finden Sie oft zunächst den Kompost, den Menschen aus ihren Gärten hier unerlaubterweise abgekippt haben. Da fand ich schon einmal die eine oder andere Zierpflanze: **Blausterne**, Trau-

benhyazinthen, **Schneeglöckchen**. Die hab ich dann mitgenommen. Für meinen Garten.

Wenn Sie nun hier direkt in den Wald gehen, begegnet Ihnen eine wilde, von kleinen Kanälen durchzogene, frisch grüne Wildnis. Sie können hier wandern, aber die Strecken auch gut mit dem Fahrrad erkunden. Das Gebiet auf Gelsenkirchener Seite ist Landschaftsschutzgebiet.

In den Kanälen tummeln sich **Bachbungen-Ehrenpreis** (herrliches Bitterkraut mit winzigen blauen Blütchen) und **Pastinak**, von dem nicht nur die Wurzel, sondern auch die Blätter ein wenig nach Möhre schmecken. Mit den klein zerschnittenen Blättern, etwas Kräutersalz und weicher Butter lässt sich ein herrlicher Kräuteraufstrich aus Pastinak herstellen. Pflücken Sie aber bitte hier im Landschaftsschutzgebiet nichts! Der Pastinak wächst nicht nur hier. Wenn Sie einmal – wie ich – einen „Pastinak-Blick" entwickelt haben, werden Sie ihn an der Ruhr finden, aber

Bild l.:
Schöne Wälder mit kleinen Wasserläufen

Bild o.r.:
Bachbunge, schön blau und schön bitter!

Bild u.r.:
Am Wegrand blüht der Kriechende Günsel in Himmelblau

Mai – Tour 13 ∫ *141*

Pastinakblätter, herrlich in der Kräuterbutter

auch auf den Mittelstreifen vieler Straßen und an Straßenrändern. In Mengen! Ab Juni blüht er mit gelben Dolden und fällt überall auf.

Die vor Fruchtbarkeit überbordenden Wegränder zeigen alles, was Sie für einen guten Kräutersalat bräuchten: **Wiesenkerbel, Knoblauchsrauke, Kletten-Labkraut, Vogelmiere** und **Brennnessel.** Zum Würzen würden sich einzelne Blättchen des **Gundermanns** und als Bitterkraut-Geschmack eins vom **Kriechenden Günsel** eignen. Dazu noch ein wenig **Hexenkraut** (kann als „Charisma-Kraut" nie schaden), die **Sternmiere** (neutral salatiger Geschmack) und ein wenig **Löwenzahn.**

Die Blütenfülle hier im April und Mai setzt allem die Krone auf! Rosafarbene Blüten von der **Roten Lichtnelke,** lilafarbene vom **Gundermann** und **Ehrenpreis,** blaue vom **Kriechenden Günsel,** gelbe von der **Goldnessel** und weiße von der **Knoblauchsrauke** und **Sternmiere.** Die Sternmiere besticht hier im April und Mai durch ihre flächendeckenden weißen Teppiche. Daneben finden Sie ihre winzig kleine Puppenstubenschwester mit nur 3 mm großen Blütchen, die **Moor-Sternmiere,** allerliebst.

Ab und zu findet sich am Wegrand auch die **Große Klette** und das gelb blühende **Pfennigkraut,** welches

Kräutertour de Ruhr

Glück in Gelddingen bringen soll. Neulich kamen Teilnehmer zu meiner Kräuterführung, die mir erzählten, dass sie gerade das Traumhaus mit Riesengarten gekauft hätten. Sie brachten mir als unbekannte Pflanze aus ihrem neuen Garten das Pfennigkraut mit. Kein Wunder!

Auch die Bäume sind hier außerordentlich interessant. Hier wartet nicht der übliche Buchenwald auf uns, sondern eine Mischung aus Bäumen, die feuchte Füße aushalten können. Der Großteil besteht aus **Schwarzerlen**. Das sind die, die immer noch die kleinen Zapfen vom letzten Jahr tragen. Dazwischen stehen **Eichen, Birken, Bergahorn-Bäume, Hybrid-Pappeln, Holunder** und **Wildkirsche**. An einigen Stellen haben sich ein paar alte **Buchen** gehalten.

Bild o.l.:
Auch alte Bäume gibt es hier

Bild o.r.:
Hexenkraut darf in solch schönen Wäldern nie fehlen

Bild u.l.:
Typisch für feuchte Wälder: die Wald-Engelwurz

Bild u.r.:
Adlerfarn-„Händchen", gesammelt zum Trocknen für ein Kräuterkissen gegen Schmerzen

Mai – Tour 13 ∫ 143

Stellenweise besteht der Unterwuchs des lichten Waldes komplett aus **Adlerfarn**. Wer keine Katze hat, um sie bei Schmerzen auf die entsprechende Stelle zu bugsieren, kann sich hier Hilfe holen: Die noch eingerollten Spitzchen des Adlerfarns, im April und Mai gesammelt, getrocknet und in eine Stoffhülle gefüllt, ergeben ein wunderbares Kissen gegen Rheumaschmerzen.

Als Seltenheiten sind mir hier auch einzelne **Buschwindröschen** und die **Vielblütige Weißwurz** begegnet. Am Wegrand finden Sie immer wieder **Hopfenranken**, deren frische Spitzen Sie sich nicht entgehen lassen sollten! In der Pfanne kurz gebraten, entfalten sie ein zartes Spargelaroma! Meistens habe ich sie aber auf dem Heimweg doch schon alle roh verspeist ...

Nach dieser kurzen Waldtour gehen Sie nun zu Ihrem Parkplatz zurück und überqueren hier die Straße. Auf der anderen Seite am Wegrand empfängt Sie zunächst flächendeckend der **Japanische Knöterich**. Einige riesige **Weißdorn**-Sträucher erinnern daran, jetzt im Mai die Blüten für den Herztee zu sammeln. Gleichzeitig duftet es in ihrer Nähe immer ein wenig muffig. Mich verwirrt der Weißdorn-Blüten-Geruch immer etwas. Ist der nun süß-lieblich oder eklig? Beides! Es werden Schmetterlinge und Bienen angelockt, aber auch die Aasfliegen, die mehr auf die Aminverbindungen fliegen. Wenn der bei mir in der Küche trocknet, riecht es immer etwas nach Toilette ... Manche Leute meinen, er rieche nach Fisch.

Auch hier gibt es eine schöne Baumvielfalt: **Robinien**, die mit ihren verschwenderisch vielen weißen duftenden Blütentrauben die Bienen anlocken, **Berg-** und **Spitzahorn**, deren gelbe Blüten gut im Salat schmecken würden, alte **Salweiden,** deren junge Zweige geschält werden können. Deren Rinde wird als Tee gekocht und wie Aspirin verwendet. Dazu gibt es hier **Haselsträucher, Roten Hartriegel** (der ist für die Vögel, die mögen im September die schwarzen bitteren Beeren), **Feldahorn, Birke, Holunder** und **Brombeeren.**

Bild o.:
Ewaldsee

Bild u.l.:
Mischling aus Japanischem und Sachalin-Knöterich am See, der Blattgrund ist herzförmig

Bild u.r.:
Zum Vergleich: Der Japanische Staudenknöterich steht daneben: Da sieht der Blattgrund meist aus wie glatt mit der Schere abgeschnitten. Die Blätter sind kleiner als bei dem Mischling.

Am Weg wachsen noch **Weiße Taubnessel, Wiesen-Bärenklau** und **Hopfen**sprossen. Direkt am trockenen Wegrand reifen bald die **Walderdbeeren**.

Ursprünglich war der Ewaldsee das Kühlwasserreservoir der nahe gelegenen Zeche Ewald. Heute ist er ein Angler- und Vogelkundler-Paradies. Hier leben die üblichen Möwen, Stockenten, Blässrallen, Teichrallen, Graureiher, aber auch Eisvögel, Teichrohrsänger und Haubentaucher. Auch wurden schon Rohrdommeln und Waldschnepfen im Emscherbruch gefunden.

Hier steht stellenweise flächendeckend der **Japanische Staudenknöterich** und im Herbst die gelb blühende **Riesen-Goldrute**.

Am Wegrand zum See stehen Walderdbeeren.

An der Weggabelung am See, wo die hoch-herrschaftliche **Platanen**-Allee steht, findet man direkt am Wasser **Wasserdost, Nelkenwurz** und **Iris**, als Gehölze dazwischen **Feldahorn, Weißdorn, Spitz-** und **Bergahorn, Hainbuche, Rose, Schwarzpappel** und **Trauerweide**. So vielseitig hat die Natur von ganz allein die Strauch- und Baumschicht geschaffen. Ideal wäre es, wenn Anfänger hier eine Ausgabe eines Baum- und Strauch-Bestimmungsbuches dabei haben. Hier können sie die häufigsten finden.

Ganz in der Nähe findet man **Aronstab, Beinwell, Seggen** und **Kriechenden Günsel**. Von hier aus können Sie nun weiterwandern um den See herum. Sie werden mit romantischen Aussichten auf die weite Wasserfläche, die Wildnis, die Angler belohnt, aber in direkter Hörweite und zum Teil Sichtweite ist die Autobahn. Ich finde, diese Tour ist die schönste im ganzen Emscherbruch-Gebiet. Dann gehen Sie zum Auto zurück.

Wer nun dringend abschalten muss, weil er so viele Arten gesehen hat, kann dies drei Kilometer von hier entfernt im Schlosspark des *Hertener Wasserschlosses* tun. Die Straße, wo Sie auf dem Krankenhausparkplatz neben dem Schloss parken können, heißt „Am Schlosspark". Der Park bietet riesige Rasenflächen, viele alte Bäume, vor dem Schlosseingang drei riesige **Tulpenbäume** und einige **Styraxbäume** (**Amberbäume**, *Liquidamber styraciflua*), die im Herbst ihr loderndes Feuer in allen Regenbogenfarben verbreiten. Der Blick auf Schloss und Enten ist schön, die Anzahl verschiedener Baum- und Straucharten sehr hoch, die Wildkräuterdichte eher bescheiden.

Blick auf blühende Kastanien am Wassergraben des Schlosses

Tour 14

Duisburg: Botanischer Garten mit Seltenheitswert

ⓘ Schweizer Straße 24, Botanischer Garten in Duisburg-Kaiserberg, Öffnungszeiten: täglich ab 8 Uhr bis zum Einbruch der Dunkelheit, spätestens aber 21 Uhr

In der Nähe des Duisburger Zoos liegt fast mitten in der Stadt ein winziger Botanischer Garten. Er wurde schon 1891 eröffnet und wartet deshalb mit einigen Baum-Ehrwürdigkeiten auf! An Feiertagen ist es hier relativ ruhig, da es die Innenstadt-Bewohner nach außerhalb zieht. Ich empfehle also für einen Besuch den ruhigen Sonntag!

Wenn Sie ihn nur schnell durchschreiten, sind Sie in wenigen Minuten durch. Allerdings gibt es so viel zu gucken, dass Sie schon ein bis zwei Stündchen einplanen sollten. Die zwei Hektar bieten mehreren Tausend Arten (!) eine Heimat.

Direkt am Eingang schauen Sie auf eine kleine Monokultur von **Hornveilchen**. Und was steht dahinter? Sieht aus wie eine Kastanie, aber die Blätter sind so ordentlich, seltsam! Ja, genau, es die **Strauchkastanie** *(Aesculus parviflora)*. Wenn Sie nun denken: „O wie hübsch, die möchte ich auch in meinem kleinen Garten haben", muss ich Ihnen sagen, dass sie bei guter Pflege auch bis zu sechs Meter hoch werden kann.

Gegenüber im Beet, also fast noch am Zaun neben dem Eingang, steht ein unscheinbarer Baum mit gefiederten Blättern, der einmal von einem Professor als des **„Teufels Krückstock"** *(Aralia elata)* bezeichnet wurde. Wenn Sie die Zweige anfassen, wissen Sie, warum. Sie haben kaum

sichtbare kleine schwarze spitze Stacheln! Und die Blätter auch. Obendrauf!

Wenn Sie nun rechts weiter gehen, also auf das Gartenrestaurant zu, finden Sie direkt daran eine blühende *Cornus kousa*, deren erdbeerartig aussehende Früchte Sie im Herbst essen können. Der **Blumen-Hartriegel** wird aber hauptsächlich wegen seiner schönen Blüten gepflanzt.

Sollten Sie jetzt schon einen Kaffee brauchen, können Sie ihn mit Blick auf eine chilenische Araukarie genießen. Sie wird auch Fuchsschwanztanne (Araucaria araucana) genannt, weil ihre dicken Zweige, an denen die Blätter wie Schuppen übereingelegt sind, so aussehen und elastisch wie ein Schwanz sind. Böse Zungen sagen auch „Manta-Baum" dazu. Warum?! Da müssen Sie als Ruhrgebietler (oder ehemaliger Manta-Fahrer?) selbst drauf kommen. Im Mai 2014 blühte die Araukarie. „Was sind das denn für komische eiförmige Knubbel am Ende der Zweige? Ist der

Bild l.:
Der Stamm der Fuchsschwanztanne, die Stacheln sind weicher, als sie aussehen.

Bild o.r.:
Strauchkastanie, irgendwie niedlich, diese Blüten!

Bild u.r.:
Blumen-Hartriegel: Die Kugel in der Mitte wird zur essbaren Frucht.

Baum krank?", fragte ein Passant, als wir so interessiert in die Kronen schauten. Nein! Das sind die jugendlich noch zapfenartig aussehenden Blütenstände.

Nun gehen Sie weiter auf den Laubengang zu. Rechts blüht in Lila der **Blauregen** *(Wisteria sinensis)*, der Rest ist mit der **Falschen Weinrebe** behangen (Synonym **Jungfernrebe**, *Parthenocissus quinquefolia)*, die erst im Herbst ihre scharlachrote Blattpracht zeigt. Dahinter rechts finden Sie einen Baum mit seltsamen Blättern, wie Engelsflügel? Er heißt **Judasbaum** *(Cercis siliquastrum)* und erstaunt dadurch, dass seine rosa Blütchen am Stamm entspringen!

Dahinter stehen zwei große Bäume. Denken Sie, dass beides Ahorne sind? Nein! Der eine ist ein **Bergahorn**, daneben mit fünf Blattzipfeln ein riesiger **Amberbaum** *(Liquidamber styraciflua)*, den wir aus dem Ruhrgebiet – als Zierbaum gepflanzt – mit seinen phantastischen Herbstfarben von vielen Straßenrändern und Innenstadt-Plätzen kennen.

Die Teiche beherbergen **Seerosen**, **Fieberklee** (lang gestielte kleeartige Blätter) mit weißen Blüten, die aussehen, als wären sie pelzig. In der Nähe steht die **Japanische Goldorange** *(Aucuba japonica)*, ein Baum mit gelb panaschierten Blättern und roten Beeren. Eine eigenwillige Farb-Zusammenstellung.

Wo die Skulptur eines Holzmannes auftaucht, finden Sie dahinter einen „**Pagoden-Hartriegel**" *(Cornus controversa)*. Was soll denn eine Pagode sein? Na, diese Dachform, die die Chinesen bei ihren Tempeln haben, mit diesem nach außen etwas aufgerollten Rand, und mit mehreren Dächern übereinander. Wenn der Baum seine weißen Blütenschirme ausbreitet, ist die Pagodenform gut zu erkennen.

Ab hier betreten Sie zwischen den Bruchsteinen das hübsche und sehr artenreiche Mini-Alpinum. Hier wachsen **Frauenmantel**, **Blut-Storchschnabel** und verschiedene **Glockenblumen**. Vielleicht kennen Sie die Zier-**Glockenblume** *Campanula poscharskyana* auch als Bodendecker? Ich habe sie in meinem Garten und die blauen Blüten kommen mit in den Salat. Wussten Sie, dass alle **Glockenblumen**-Blüten essbar sind?

Weiß blühende Bodendecker hier sind die Ihnen aus dem Garten sicher bekannten **Hornkräuter**. Daneben finden sich **Wald-Geißbart, Gelbe Taubnesseln** und das **Zymbelkraut**. Es ist nicht so ganz auszumachen, wo die Grenze zwischen angepflanzt und wild besteht. Die vielen **Bergahorn**-Sämlinge im Beet zeigen, dass eigentlich viel mehr Geld für die gärtnerische Pflege nötig wäre. Denn die sind sicher nicht gewollt, haben keine Chance und müssten dringend raus, sonst kriegen die Gärtner sie später nicht mehr ohne große Blessuren für die Nachbarpflanzen raus. Leider sind die Kräuter im Alpinum nicht beschildert.

Bild l.:
Pagoden-Hartriegel, sehen Sie den „Mann"?

Bild o.r.:
Fieberklee, die Blüten sehen wie Federn aus!

Bild u.r.:
Aucuba japonica, eigenwillige Farben!

Bild o.l.:
Blut-Storchschnabel, haben Sie den vielleicht auch im Garten?

Bild o.r.:
Sonnenhut im Heilkräutergarten

Am Zaun hinter dem Alpinum wächst eine **Robinie** mit herrlich knorriger Rinde. An ihrem Fuß ist das **Schöllkraut** nicht zu übersehen. Der gelbe Saft, der aus den abgebrochenen Blattstielen tropft, hilft gegen Warzen, wenn man ihn auftupft. Aber bitte nicht die restliche Haut damit berühren! Und nicht hier pflücken. Denn das ist ja in Parks verboten.

In der Mitte der gesamten Anlage finden Sie auf viereckigen, säuberlich geordneten Beeten zwischen Rasenstücken einen beschilderten Heilkräutergarten. Hier gibt es Hypotensiva (gegen hohen Blutdruck), Aperitiva (ist klar, oder?), Antispasmodica (gegen Krämpfe), Diuretika (Harn treibende Mittel) und viele andere. Bei den „Hyp-

Rhododendron-Schönheiten im Park

152 ∫ *Kräutertour de Ruhr*

notica" finden Sie aber kein Cannabis! Und keinen Schlafmohn. Hier stehen nur familienfreundlich milde Schlafmittel wie zum Beispiel der Hopfen.

Nun lohnt noch ein Besuch im mit Holz umzäunten regelrecht romantisch angelegten Bauerngarten. Dies ist sicher ein Ort, von dem viele Duisburger träumen. Ich finde, er ist sehr liebevoll und wunderschön gestaltet. Er erinnert mich daran, wie bei meiner Oma der Garten aussah: Kleine **Buchsbaum**hecken säumten die Beete. So war zum einen eine Ordnung geschaffen und eventuell vorbei kommenden Karnickeln der Zugang zumindest erschwert. Buchsbaum ist aber schon früher als Strauch gegen alle bösen Einflüsse bekannt gewesen, schuf also auch noch eine mentale Schutzhülle um die Pflanzen.

Hier sollte man nun sein „Was blüht denn da?" auspacken, denn leider sind die vielen Kräuter nicht beschriftet.

Schöllkraut am Fuß einer Robinie

Auswahl der Pflanzen im Bauerngarten:

Hier findet man **Akeleien, Astern, Anemonen, Beinwell, Fetthenne, Frauenmantel, Geranien, Hexenkraut, Himbeere, Knoblauchsrauke, Rote Lichtnelke, Lungenkraut, Wilde Karde, Königskerzen, Malven, Mohnsorten (u. a. roten und kalifornischen), Nachtkerzen, Narzissen, Rhabarber, Schöllkraut, Silberblatt, Stockrose, Tulpenarten, Waldmeister, Weide** und viele kleine Wildkräuter.

Hier wächst auch der „Knochenheiler" Beinwell, dessen Wurzel, geraspelt auf Prellungen und Verstauchungen gelegt, alle Knochenleiden heilt

Sie sind noch nicht müde? Dann können Sie sich im nahegelegenen Duisburger Stadtwald noch austoben! Er liegt 3,5 km östlich der Duisburger Innenstadt an der Stadtgrenze zu Mülheim in den Duisburger Stadtteilen Duissern und Neudorf. Durch den Wald führen der *Ruhrhöhenweg* und der *Neandertalweg* des Sauerländischen Gebirgsvereins.

So schön ist es da!

Juni

Aktuell im Juni sammeln

Kräuter sammeln Sie am besten an den magischen Mittsommer-Tagen: am 21.6., der Sommersonnenwende, und am 24.6., Johanni. Wer an diesen Tagen Kräuter erntet, wird mit deren großer Heil- und Zauberkraft belohnt! Eine Info aus dem Mittelalter war damals noch für Witwen wichtig: Wenn diese am 21.6. **Beifuß** pflückten und in der Stube aufhängten oder bei sich trugen, brachte es ihnen einen neuen Mann. Damals gab es ja noch keine Internet-Kontaktbörsen. Beifuß wächst übrigens an fast jedem Wegrand …

Vor allem das **Johanniskraut** ist an diesen Tagen gefragt. Es wirkt besonders gut gegen Teufel, böse Geister, Depressionen und Intelligenz-Quotient erhöhend (als Tee) und heilend auf Wunden und Neurodermitis (als Öl).

Im Juni 2014 war das Kraut schon lange vor den magischen Tagen in Blüte (ausgefallener Winter), im Juni 2013

Bild l.:
Kräutersammlung für das Mittagessen in der Dortmunder Phytaro-Heilpflanzenschule

Bild Seite 154:
Auch Schwebfliegen lieben Gänseblümchen

war das Johanniskraut an diesen Tagen noch in seiner vorpubertären Phase, also noch nicht aufgeblüht, klein und zart. Die lange Schneeperiode im Jahr 2013 hatte die Vegetation zögern lassen, sich ganz dem Sommer zu öffnen. So blühte alles zwei Wochen später als sonst. In diesem Jahr konnte man bis weit in den August blühendes Johanniskraut ernten. Und die Wirkung war – aus eigener Erfahrung – genauso gut wie sonst.

Johanniskraut-Öl

Sammeln Sie die oberen Pflanzenteile inkl. Knospen, Blüten, ersten reifen Samenständen und Blättchen. Jedes Teil enthält unterschiedliche Wirkstoffe. Mit dieser gesammelten Vielfalt erhalten Sie fast ein Allheilmittel! Entfernen Sie die Stängel und befüllen Sie ein Glas locker mit den restlichen frischen Pflanzenteilen. Dann bedecken Sie alles mit Pflanzenöl. Die üblichen Rezepte empfehlen Olivenöl. Ich finde, dass das Ganze hinterher sowieso speziell riecht, und bevorzuge Mandelöl oder Distelöl, welches keinen Eigengeruch hat. Das Ganze sollten Sie dann sechs Wochen in der Sonne stehen lassen und täglich schütteln. In dieser Zeit färbt sich das Öl rubinrot. Danach wird es durch ein Mulltuch gegossen, welches in einem Sieb liegt. Die Pflanzenreste werden nicht ausgepresst, sonst gelangt zu viel Wasser ins Öl. Das fertige Öl wird in kleine dunkle Fläschchen gefüllt und kühl aufbewahrt. Es ist circa ein Jahr haltbar.

Es hilft äußerlich eingerieben
» heilend auf Wunden, Schrammen und trockener Haut
» Schmerzstillend bei Rheuma, Nervenschmerzen, Prellungen
» in die Nase gerieben heilsam bei rauen Schnupfennasen
» gegen Reizblase und Bettnässen (auf den Bauch reiben)

Es hilft innerlich eingenommen (1 Teelöffel bis 1 Esslöffel)
» bei Magen-Schleimhaut-Entzündung

Bild o.l.:
Johanniskrautblüte

Bild o.r.:
Johanniskrautblatt mit Punkten, die der Teufel hineingestochen hat, nein, war ein Scherz! Sind Öldrüsen

In der Phytaro-Heilpflanzenschule habe ich gelernt, wie ich die schnellste und verträglichste Creme gegen Neurodermitis, kleine Abschürfungen und trockene Hautstellen herstellen kann. Ich stelle aus Johanniskrautöl und Kalkwasser (*Aqua calcareae,* Apotheke) im Verhältnis 1:1 durch kräftiges Schütteln eine Emulsion her. Diese fühlt sich auf der Haut wunderbar an. Die Haut wird glatt, seidig, hört auf zu schmerzen oder zu jucken. Da dieses Mittel aus nur drei Zutaten besteht (Johanniskraut, Mandelöl und eben Kalkwasser), ist es für Allergiker bestens geeignet. Da kein Konservierungsmittel drin ist, hält es sich

Blütenbrot mit Vergissmeinnicht-, Gänseblümchen- und Bärlauch-Blüten und Melde- und Löwenzahn-Blättern

Panaschierter „Zier"-Giersch, hilft genauso gegen Gicht wie der „normale"

allerdings nur zwei Tage. Sie müssten das Johanniskrautöl mit dem Kalkwasser in kleiner Menge also alle zwei Tage frisch zusammenmischen.

Nachdem ich dieses Rezept an meiner trockenen Haut ausprobiert hatte, bin ich noch einmal richtig sammeln gegangen!

Kastanienblüten mit Bienen-„Ampel": Gelb heißt, noch Nektar drin, rot heißt, Nektar alle

Im Juni können Sie noch Folgendes ernten:
» **Linden**blüten können schon stellenweise reif sein. Verschiedene Lindenarten blühen zu unterschiedlichen Zeiten. Bitte für den Tee mit dem Tragblatt daran sammeln und beim Sammeln einen Hut aufsetzen, sonst tropft der Honigtau (freundliches Wort für das süße Zeug, was bei den Läusen HINTEN rauskommt) Ihnen in die Haare. Und das Auto parken Sie besser auch woanders.
» **Farn** sammeln und zwischen die blühenden Erdbeeren legen, dann kommen die Schnecken nicht. Außerdem ist er das „sicherstes Mittel gegen Hexerei" (Rühlemanns-Katalog).
» **Blütenbrote** machen und die Liebsten und künstlerisch begabte Kinder damit endlich an die Kräuter kriegen.
» **Giersch**blätter als Füllmittel im Salat und immerwährend gegen zukünftige Gicht. Wer meint, das sei ein Unkraut, kann sich die panaschierte Ziervariante aus England in den Garten holen.

Mai – Tour 14

Tour 15

Mülheim: Heilkräuter im Klostergarten

ⓘ Die Adresse des Klosters ist Klosterstraße 53. Parken an der Ecke Kölner Straße/Mintarder Straße. Danach über die Straße „Mendener Brücke" zum Ruhrtalradweg

Hier im Klostergarten herrscht beschauliche Ruhe. Seit 2010 gibt es einen in Kreuzform neu angelegten beschilderten Kräutergarten, der ca. 100 Heilpflanzen beherbergt, die früher in Klöstern benutzt wurden. Riechen dürfen Sie, aber nicht ernten! Die Kräuter sind aufs Wunderbarste beschildert und damit für jeden, der Kräuter lernen möchte, ein ideales Sinnesfeld! Hier gibt es so Wundersames wie den Allesheiler **Odermenning**, die **Mariendistel**, deren Samen so herrlich die Leber regenerieren können und die bei Knollenblätterpilz-Vergiftung erfolgreich angewendet werden, und die bitterste Pflanze Deutschlands, den **Gelben Enzian** (die Wurzel ist der Hammer! Schon mal Enzianschnaps gekostet? Das ist er!), **Anis** (Blüten, Blatt und Früchte duften), aber auch den klein und zart blau blühenden **Lein**, aus dem Leinsamen, Leinöl und Leinen gewonnen wird. Man glaubt es kaum, bei dem zarten Stängelchen und den kleinen himmelblauen Blütchen!

Nachdem Sie sich lernend, übend, staunend die Menge der interessanten Pflanzen angesehen haben, könnten Sie nun noch die Gehölze bewundern. Auch die standen damals in Klostergärten, zum Beispiel Obstbäume wie der „**Borsdorfer Apfel**", eine Züchtung der Zisterzienser, sowie der **Faulbaum**, aus dessen Rinde man Abführmittel herstellte. Die **Kornelkirsche** lockt mit ihren roten glatten länglichen Vitamin-C-reichen Früchten im August/Sep-

tember, der **Maulbeerbaum** mit himbeerartigen Früchten schon im Juni.

Danach können Sie im beschaulichen Klostercafé Kuchen genießen und sich dann auf den Weg zu den Klosterteichen hinter dem Kloster machen, die **Mädesüß** (Blüten für Tee gegen Kopfschmerzen), **Schwertlilie** (giftig, nur für die Bienen da) und Enten beherbergen.

Auf den Wiesen dahinter darf man nun sammeln: Zutaten für den Kräutersalat sind zum Beispiel **Miere** (so knackig-zart!), massenhaft **Rot-Klee** (DIE Vitamin-A-Quelle!), **Schaumkräuter** (Senfgeschmack), **Gänsedistel** (Salat für Gourmets), **Wegerich** (neutraler Geschmack) und **Gänseblümchen**. Aus den Gänseblümchenblüten kann man auch ein Heilöl ansetzen und dieses für kleine Schrammen und Wunden verwenden. Es ist mir kurz nach dem Ansetzen schon einmal verschimmelt. Jetzt weiß ich: Man muss es komplett mit Öl bedecken, drei Wochen stehen lassen, abgießen durch ein Mulltuch. Und dann kann man es den Kindern auf die rauen Hautstellen schmieren. Noch besser: Die Kinder gleich selbst das Öl ansetzen lassen.

Am Klostergarten finden regelmäßig botanische Führungen statt. Mehr Info hier: http://www.museum-kloster-saarn.de/Kraeutergarten.phtml

Bild o.l.:
Beschilderung im Klostergarten: optimal zum Lernen

Bild o.r.:
Kloster mit Heilkräutergarten

Wenn Sie von hier zum Ruhrtalradweg weiter möchten, geht es am schnellsten über die Hauptstraße Mendener Brücke. An der Ruhr wartet für die, die jetzt noch können, eine reizüberflutende Wildkräuter-Vielfalt! In beiden Richtungen.

Bild l.:
Odermenning im Heilkräutergarten mit seinen charakteristischen, an Glöckchen erinnernden Früchten

Bild o.r.:
Enten am Teich hinter dem Kloster

Bild u.r.:
Ein Super-Standort zum Wegerichsammeln!

Kräuter, die im Klostergarten angepflanzt sind
(Quelle: Kloster Saarn, Stefanie Horn)

Quartier 1:
Anis *(Pimpinella anisum)*, **Benediktinerdistel** *(Cnicus benedictus)*, **Bockshornklee** *(Trigonella foenum-graecum)*, **Dill** *(Anethum graveolens)*, **Eibisch** *(Althaea officinalis)*, **Eisenkraut** *(Verbena officinalis)*, **Fenchel** *(Foeniculum vulgare)*, **Gamander** *(Theucrium chamaedrys)*, **Goldrute** *(Solidago virgaurea)*, **Karde, Wilde** *(Dipsacus fullonum)*,

Kleewiesen hinter dem Kloster

Kerbel *(Anthriscus cerefolium)*, **Königskerze** *(Verbascum densiflorum)*, **Mariendistel** *(Silybum marianum)*, **Gelber Enzian** *(Gentiana lutea)*, **Kümmel** *(Carum carvi)*, **Liebstöckel** *(Levisticum officinale)*, **Minze, Pfeffer-** *(Mentha piperita)*, **Reiherschnabel** *(Erodium cicutarium)*, **Rhabarber, Medizinal-** *(Rheum palmatum)*, **Schafgarbe** *(Alchillea millefolium)*, **Sellerie** *(Apium graveolens)*, **Spitzwegerich** *(Plantago lanceolata)*, **Steinsame** *(Lithodospermum officinalis)*, **Weinraute** *(Ruta graveolens)*, **Rosmarin** *(Rosmarinus officinalis)*

Quartier 2:
Alpenveilchen *(Cyclamen persicum)*, **Andorn** *(Marrubarium vulgare)*, **Anemone** *(Anemona blanda)*, **Bärlauch** *(Allium ursinum)*, **Braunelle** *(Prunella vulgaris)*, **Erd-**

beere, Wald- *(Fragaria vesca)*, **Färberwaid** *(Isatis tinctoria)*, **Frauenmantel** *(Alchemilla vulgaris)*, **Günsel** *(Ajuga reptans)*, **Immergrün** *(Vinca minor)*, **Koriander** *(Coriandrum sativum)*, **Krapp** *(Rubia tinctorum)*, **Mädesüß** *(Filipendulina ulmaria)*, **Melisse, Zitronen-** *(Melissa officinalis)*, **Nieswurz** *(Helleborus niger)*, **Petersilie** *(Petroselinum crispum)*, **Sauerampfer** *(Rumex acetosa)*, **Schlüsselblume** *(Primula veris)*, **Schöllkraut** *(Chelidonium majus)*, **Storchschnabel, Stinkender** *(Geranium robertianum)*, **Färber-Wau** *(Reseda luteola)*.

Quartier 3:
Alant *(Inula helenium)*, **Arnika** *(Arnica montana)*, **Baldrian** *(Valeriana officinalis)*, **Beifuß** *(Artemisia vulgaris)*, **Beinwell** *(Symphytum officinalis)*, **Blutwurz** *(Potentilla erecta)*, **Dachwurz** *(Sempervivum tectorum)*, **Eberraute** *(Artemisia abrotanum)*, **Estragon** *(Artemisia dracunculus)*, **Gundermann** *(Glechoma hederacea)*, **Katzenminze** *(Nepta cataria)*, **Lungenkraut** *(Pulmonaria officinalis)*, **Malve** *(Malva sylvestris)*, **Mutterkraut** *(Tanacetum parthenium)*, **Mauerpfeffer** *(Sedum acre)*, **Mönchspfeffer** *(Vitex agnus-castus)*, **Muskatellersalbei** *(Salvia sclarea)*, **Pfingstrose** *(Paeonia officinalis)*, **Pimpernelle, Kleine** *(Sanguisorba minor)*, **Salbei** *(Salvia officinalis)*, **Schwertlilie** *(Iris pseudacorus)*, **Seifenkraut** *(Saponaria officinalis)*, **Steinbrech** *(Saxifraga sp.)*, **Wermut** *(Artemisia absinthium)*.

Quartier 4:
Bärwurz *(Meum athamanticum)*, **Bergminze** *(Calamintha nepta)*, **Bertram, Römischer** *(Anacyclus pyrethrum)*, **Bohnenkraut** *(Satureja hortensis)*, **Borretsch** *(Borago officinalis)*, **Frauenminze** *(Chrysanthemum balsamita)*, **Heilziest** *(Betonica officinalis)*, **Johanniskraut** *(Hypericum perforatum)*, **Kamille, Echte** *(Matricaria recutita)*, **Lauch, Porree** *(Allium porrum)*, **Lavendel** *(Lavendula angustifolia)*, **Lein** *(Linum usitatissimum)*, **Madonnenlilie** *(Lilium

Glückskäfer auf Klee

candidum), **Majoran** *(Oreganum majorana)*, **Mohn, Klatsch-** *(Papaver rhoeas)*, **Odermenning** *(Agrimonia eupatoria)*, **Oregano** *(Origanum vulgare)*, **Ringelblume** *(Calendula officinalis)*, **Thymian** *(Thymus vulgaris)*, **Ysop** *(Hyssopus officinalis)*.

Umfeld: Faulbaum *(Frangula alnus)*, **Engelwurz** *(Angelica archangelica)*, **Graue Renette** *(Malus domestica,* Sorte*)*, **Hopfen** *(Humulus lupulus)*, **Kornelkirsche** *(Cornus mas)*, **Maulbeerbaum** *(Morus alba)*, **Mispel** *(Mespilus germanica)*, **Quitte** *(Cydonia oblonga)*, **Schlehe** *(Prunus spinosa)*, **Weinrebe** *(Vitis vinifera)*, **Rose** *(Rosa gallica)*.

Tour 16

Waltrop: Halde mit Wurzelgemüse und Überlebenskräutern

> ℹ️ Parkplatz bei manufactum, Hiberniastraße 4, Rundgang über die Halde, über das Zechengelände und in das nahe gelegene Wäldchen

Die alte Zeche Waltrop

Das Kaufhaus manufactum ist in einer historischen Zeche untergebracht und mit seinen fast komplett in Handarbeit gestalteten Produkten, seiner Architektur und dem schönen Café in der alten Zechen-Lohnhalle schon aus historischen Gründen eine Reise wert!

Die Flächen um die Zeche bestehen aus steinigem Untergrund, eben dem Geröll, welches man einmal unter Tage los werden wollte. Teilweise hat sich die Vegetation diesen Steinen angepasst. In anderen Teilen ist Mutterboden aufgebracht worden. Dort wurden Pflanzen eingesät, die der Bodenverbesserung dienen wie zum Beispiel **Rotklee**.

Meine kleine Tour umfasst drei Teile. Zur groben Orientierung stellen Sie sich einmal mit dem Rücken vor den manufactum-Haupteingang. Nun schauen Sie nach links: Dort sehen Sie einen seltsamen Tetraeder oder eine Pyramide aus Stäben auf dem höchsten Punkt der Halde stehen. Das wird unser erstes Ziel sein.

Dann schauen Sie geradeaus auf den Platz vor dem Kaufhaus-Eingang. Das Gebäude rechts davon ist die manufactum-Verwaltung. Etwa 200 Meter dahinter steht ein Sendemast. Dies wird unser zweites Ziel sein.

Dann schauen Sie nach rechts. Da, wo Sie hinter dem Parkplatz den Wald leuchten sehen, wird das dritte Ziel sein.

Zunächst wenden wir uns jetzt nach links, um den „Hausberg" Waltrops zu besteigen. Dies ist die höchste Erhebung weit und breit, auf die die Waltroper mächtig stolz sind, die Halde Brockenscheidt.

Gehen Sie die Halde rechts herum hinauf. Sie werden am Wegrand nicht nur eine Salat-, sondern regelrecht eine Gemüsetheke finden. Flächendeckend wächst hier der wilde **Pastinak**. Die Blätter schmecken würzig in der Kräuterbutter. Sie sind gut zu erkennen, da sie gefiedert sind: Sie haben an einem Blatt viele kleine Einzel-Blättchen, die sich gegenüber stehen. Deren untere Hälfte ist größer als die obere. Oben zum Abschluss befindet sich ein dreispitziges größeres Blatt. Die Blüten sind gelb und stehen in einer Dolde.

Bild u.l.:
Pastinakblüte

Bild u.r.:
Pastinakblatt, typisch gefiedert, die einzelnen Blättchen haben diese unverwechselbare „Ecke"

"Spurwerkturm" auf der Halde Brockenscheidt, umgeben von Heilkräutern, in direkter Nachbarschaft wächst massenhaft Johanniskraut und Kleiner Wiesenknopf

Die Blüten und Samen dienen als Würze zum Beispiel zu Gemüse- oder Pilzgerichten. Probieren Sie unbedingt! Die gelbliche Wurzel kennen Sie ja von Ihrem Gemüsehändler, nur ist die hier in der Wildnis nicht so dick, sondern lang und schmal, dafür aber ausgesprochen würzig. Ideale Sammelzeit für die Wurzel ist ab Oktober, dann von den frischen Rosetten, die noch nicht geblüht haben.

Daneben wachsen Massenbestände des **Spitzwegerich**, dessen Köpfchen in der Pfanne nun die Pilzmahlzeit liefern (Champignon-Geschmack). Für den Salat nehmen wir das Anti-Aging-Kraut **Bärenklau**, dazu **Spitzwegerich-Blätter**, die Silicium für Haut, Haare und Nägel liefern, und den **Rotklee** mit Blättern und Blüten als Vitamin-A-Bombe, für alle, die ihren Augen etwas Gutes tun wollen. Damit Sie das alles nun noch in bester Stimmung genießen können, pflücken Sie etwas trockenen **Beifuß** und räuchern Sie vorher damit. Entspannt völlig. Auch Ihre Mittagsgäste, die vielleicht niemals vorher Kräutersalat gegessen haben.

Auch die **Wilde Möhre** kommt hier vor. Wenn ich mir nicht schon Bochum-Stiepel als artenreichsten Ort zum Überleben in der Wildnis ausgeguckt hätte, würde ich wohl die Halde Brockenscheidt nehmen! Die Wilde Möhre ist flächendeckend an der Stelle, die Sie erreichen, wenn Sie sich nach dem Aufstieg nun nach links wenden, auf den Tetraeder zu, dort am rechten Wegrand.

Obenauf fällt natürlich Ihr erster Blick auf das Bauwerk. Das ist der Spurwerkturm aus alten Latten, die unterirdisch benutzt worden sind. Ich finde, auf der Spitze fehlen zwei, falls man vorgehabt hätte, den Charme der Gizeh-Pyramide rüberzubringen. Aber das ist wohl Ansichtssache.

Kleiner Wiesenknopf, auch genannt Pimpinelle, typisches Blatt

Möglicherweise ist Ihr erster Blick aber auch vom „Blau" gefesselt. Wo gibt es sonst so viel Himmel auf Erden? Hier wächst der **Natternkopf**, herrliche Blüten für die Salatdeko. Kaum zu bezahlen, die gibt es wirklich in keinem Laden! Die Blätter sind zu rau, taugen aber für den Smoothie oder so klein wie Schnittlauch geschnitten für den Salat, wenn nichts anderes da ist. Sie sind schön saftig wie alle Blätter von Raublattgewächsen, da sie Schleim enthalten. Nein, das ist nicht eklig! Das ist heilsam!

Daneben wächst der **kleine Wiesenknopf**, ein noch schmackhafteres Salatkraut. Sicher kennen Sie es unter dem Namen **Pimpinelle**.

Die Apotheke wächst praktischerweise gleich daneben, auch wenn man sie bei täglichem Rohkost-Salat-Genuss wahrscheinlich nie mehr braucht: massenhaft **Nachtkerzen**, aus deren Samen sich das begehrte Anti-Falten- und Anti-Neurodermitis-Nachtkerzenöl gewinnen lässt, indem man sie mit in die Smoothie-Maschine wirft für die innerliche Anwendung oder mit dem Mörser quetscht und dann den Brei auf die Haut gibt für die äußerliche Anwendung.

Natternkopf

Rund um den Spurwerksturm haben sich noch mehr Apothekenkräuter versammelt. Wer **Johanniskraut** braucht, wird hier fündig. Flächendeckend rund um den Spurwerksturm! Außerdem wachsen hier vereinzelt **Schafgarben** (Frauen- und Verdauungskraut, außerdem blutstillend) und **Karden** (die Wurzeln als Tinktur gegen Borreliose, zur Anregung der

Nachtkerze

Das lichte Birkenwäldchen mit Brombeeren und Walderdbeeren

Leber und zur Entgiftung, in der chinesischen Medizin auch gegen Osteoporose eingesetzt).

Aber auch Ungenießbares und Giftiges ist hier zu Hause: giftiger **Färber-Ginster** *(Genista tinctoria)* und ungenießbares **Schmalblättriges Greiskraut** *(Senecio inaequidens)*, beide mit gelben Blüten. Letzteres ist ein Einwanderer aus Südafrika. Auch dem gefällt es auf der warmen Halde. Daneben wachsen Gebüsche aus **Hybridpappeln, Salweiden, Buddleja, Rotem Hartriegel** und **Birken**. Von unten gesehen rechts vom Spurwerksturm kann man durch ein lichtes **Birken**wäldchen gehen, zu dessen Seiten die Hänge steil abfallen. Zwischen den Stationen des hier ruhrgebietsmäßig mit schwarzen Figuren aufgebauten Kreuzweges kann man in Massen **Brombeeren** und **Walderdbeeren** ernten.

Die Sensation bietet der linke Teil der Halde. Gehen Sie nach dem Birkenwäldchen-Rundgang im rechten Teil der Halde wieder am Turm vorbei in den linken Teil: Dort wachsen am Wegrand nun einige Sensationen: **Wermut** *(Artemisia absinthium)* in Hülle und Fülle! Probieren Sie ein atomgroßes Blatt-Stückchen der weiß bereift wirkenden Pflanze, wenn Sie gerade müde sind. Sie werden die

Typisches Wermutblatt: weiß bereift und zerschlitzt mit starkem Aroma aus Bitterstoffen und ätherischen Ölen

bittere, belebende Wirkung spüren, ab sofort „in den Schuhen stehen" und nicht mehr in der Lage sein, sich der interessanten, herrlichen Welt zu verschließen. So ähnlich wirkt die Urtinktur (frei nach Roger Kalbermatten, Gründer der Firma Ceres-Arzneimittel).

Des Weiteren wächst hier der **Arzneithymian** *(Thymus pulegioides)*. Den sollten Sie aber unbedingt stehen lassen! Standorte dieser Art, die dem Trockenheit und Wärme liebenden Thymian eine Heimat bieten, gibt es im Ruhrgebiet fast keine mehr! Er ist leider selten geworden. Warum also wächst er hier? Der Untergrund ist steinig und schwarz. Die Farbe ist das Geheimnis. Dieser Untergrund heizt sich auf und bietet fast ohne Mutterboden eine trockene, warme Grundlage.

Nun steigen Sie von Waltrops höchstem Berg wieder hinunter und halten sich in Richtung des Sendemastes.

Die Rasenflächen um die Parkplätze könnte man als essbare Salattheke betrachten. Aus dem Rasen haben wir hier bei einer Exkursion schon mal Folgendes genascht: **Löwenzahn, Schafgarbe, Spitzwegerich, Weichen Storchschnabel** (bitter), **Orangefarbiges Habichtskraut** (behaart

Gänsefingerkraut (Potentilla anserina): Typisches gefiedertes Blatt, unterseits weiß behaart, gelbe Blüten

und bitter, ich finde es lecker, auch wegen seines „saftigen Bisses"), **Weißklee, Hopfenklee** (mit gelben Blütchen), **Margerite, Hornkraut, Knoblauchsrauke** und **Brennnessel.** Ungenießbare Kräuter, die nicht in den Salat dürfen, sind hier der **Kriechende Hahnenfuß** und an den Rasenrändern **Rainfarn** und **Beifuß.**

Am Strommast findet sich eine Flut von **Gänsefingerkraut**, das sich zu sammeln lohnt. Seine gefiederten Blätter sind unterseits weiß behaart und daran eindeutig zu erkennen. Sie können es als Salatkraut nehmen oder gekocht mitsamt den Wurzeln als nussig schmeckenden Brei. Wenn Sie es als Tee trocknen, haben Sie ein Allheilmittel gegen alle Arten von Krämpfen (Magen-, Menstruations-, Muskel-, Migränekrämpfen). Das Gänsefingerkraut hat außerdem einen außerordentlich hohen Vitamin-C-Gehalt. Die Vitaminmenge ist noch höher als bei den schon als Vitaminbomben bekannten Brennnesseln und Vogelmieren. Es lohnt sich also, Ihrem Salat ein paar Blättchen davon beizumischen.

Bilder Seite 173:

Oben:
Kultplatz aus drei Eichen mit einem Weißdorn in der Mitte? Neben dem Sendemast

Unten:
Die Riesen-Goldrute, Tee gegen Nierenkrankheiten

Ebenfalls am Strommast ist **Johanniskraut** *(Hypericum perforatum)* zu finden. Ganz in der Nähe wächst ein verwandtes Johanniskraut, welches im Gegensatz zum Tüpfel-Johanniskraut einen viereckigen Stängelquerschnitt und viel weniger Tüpfel (Ölbehälter) hat, das **Gefleckte Johanniskraut** *(Hypericum maculatum).* Dieses ist nicht als

Der verwunschene Teich

Heilpflanze zu gebrauchen. Nur das echte, mit einem runden Stängelquerschnitt, an dem zwei kleine Leisten herablaufen, ist wirksam und lohnt, um daraus Tee, Tinktur oder Johanniskrautöl zu machen.

Rechts vom Strommast stehen in einem Dreieck drei junge **Eichen**, in deren Mitte ein **Weißdorn**! Ein winziger Kultplatz? Oder doch nicht? Bei meinem letzten Besuch dort lag daneben Müll und eine alte Matratze …

Am Wegrand und auf dem grünen Plateau gibt es mehr Salatkräuter. Hier wächst jede Menge **Rotklee**, **Beinwell** mit großen Blättern, **Kleiner Wiesenknopf**, **Wiesen-Labkraut**, verschiedene **Disteln**, deren geschälte Stängel man, in kleine Stückchen geschnitten, als Gurkenersatz mit in den Salat geben könnte, und **Löwenzahn**. Jetzt brauchen Sie nur noch drei Blättchen **Gundermann** zu essen. Dann werden Sie nie mehr krank. Alte Bauernregel.

Im angrenzenden Wäldchen wachsen **Walderdbeeren**, **Hopfen** und **Kletten-Labkraut**, in der Strauchschicht **Haselnuss**, **Weißdorn** und **Roter Hartriegel**.

Das gesamte Zechengelände ist rundherum mit Massenbeständen der **Riesen-Goldrute** *(Solidago gigantea)* eingerahmt. Dies gibt der Landschaft im Herbst ein goldgelbes Aussehen, sonnig, schön und warm. Zum Verspeisen ist sie nur im Frühjahr geeignet, wenn die ganz jungen Austriebe in der Pfanne angebraten werden. Nichts zum Roh-Essen. Die Blütenstände erinnern mich an die Farbe von kerngesundem Urin. Und genau dafür werden sie auch verwendet. Als Tee gegen Blasen- und Nierenentzündung und gegen Nierensteine. Dazu trocknet man das obere Drittel der Pflanzen. Bei Bedarf weicht man das Kraut über einige Stunden kalt ein, kocht dann kurz auf und trinkt davon einen Liter am Tag.

Nun gehen Sie zu unserem dritten Ziel und Highlight weiter in Richtung Wäldchen. Der geteerte Weg führt hinter den Reihen parkender Autos nach links. Bleiben Sie auf dem geteerten breiten Weg, bis nach ca. 200 Metern links ein kleiner Bach auftaucht. Dort gehen Sie rechts einen schmalen Waldpfad hinein, der zu einem Teich führt. Dieser ist einen Besuch wert, nicht wegen der Artenvielfalt, sondern wegen der romantischen Plätze. Suchen Sie am Wasser etwa in der Mitte des ersten Teichabschnittes die alte **Eibe**, die schräg steht. Eiben wurden früher ja gerne gepflanzt, um böse Energien von einem Platz fern zu halten, und waren deswegen oft rund um Friedhöfe zu finden. Also noch ein alter Kultplatz?

Hier ist der Ort, um total zu entspannen. Eine verwunschene Stimmung: ruhiges, stehendes Wasser, alte Bäume, beruhigende Grüntöne, in der Mitte des Sees eine wild bewachsene Insel ... Also: Sitzunterlage raus, Meditationshaltung einnehmen und Augen zu. Doch nur für eine Minute ... Plötzlich wird das Wasser von einer heranrasenden Entenschar durcheinandergewirbelt! Die sind weniger am Meditieren interessiert. Mehr daran, ob der Meditierende etwas zu futtern dabei hat …

Direkt am Ufer wird die Wasserkante hier nicht wie sonst am Teich von Steinen, sondern von ineinander verschlungenen Wurzeln gebildet. Vorsicht: Unter herabgefallenen Blättern sind die Wurzeln oft nicht so gut zu erkennen. Bei einem unvorsichtigen Schritt liegen Sie zwischen den Enten! Die Wurzeln gehören den imposanten Baumgestalten der **Eschen**, **Weiden** und **Schwarzerlen**.

Noch romantischer wird der Platz durch das verwunschen zwischen knorrigen Bäumen liegende alte gelbe Gebäude, das heute dem Angelverein Waltrop als Herberge dient. Wenn Sie darauf zugehen, achten Sie einmal am Wegrand auf kleine Knöteriche. Hier wächst der **Wasserpfeffer-Knöterich**, der zunächst harmlos schmeckt, beim weiteren Zerkauen aber richtig scharf wird. Man könnte ein Blättchen davon sammeln und damit gleich das Mittagessen würzen. Leider lohnt das Trocknen nicht. Ich hab es versucht, weil ich dachte: „Dann brauche ich ja nie mehr Pfeffer zu kaufen! Wie praktisch!" Leider büßt er beim Trocknen die Scharfstoffe ein.

Halten Sie sich nun immer links. Dann gelangen Sie zum Ausgangspunkt zurück.

Sollten Sie jetzt noch zu manufactum reingehen, gibt es auch dort Botanisches zu entdecken. Neben Gartenzubehör werden hier vor Ort und aus dem Katalog alte Sorten von Kräutern, Blumen und Obstgehölzen angeboten. Beim Blättern im Katalog ist mir einiges aufgefallen, was ich gerade hier live in der Wildnis gesehen habe, zum Beispiel die **Schinkenwurzel** *(Oenothera biennis)*. Im Katalog ist zu lesen:„Sie ist fast nur als Zierpflanze bekannt. Seit alters her wurde aber auch die Wurzel, die schinkenrot aufkocht, als Gemüse oder Salat verwendet." Diese Schinkenwurz ist nichts anderes als die **Nachtkerze**! Zu Tausenden als Blattrosetten oder blühende Pflanzen neben dem Spurwerkturm zu finden. Sollte da jemand die Samen aus-

176 ∫ *Kräutertour de Ruhr*

Schön! Das heutige Domizil des Waltroper Angelvereins

gekippt haben? Wahrscheinlich nicht. Schwarzer, steiniger, trockener Untergrund ist einfach ihr Lieblings-Domizil. Dort gibt es aus eben diesen steinigen Gründen auch nicht so viele Wühlmäuse wie in meinem Garten, wo von 1000 ausgestreuten Samen nur ein einziger das Wühlmaus-Desaster überlebt hat. Wühlmäuse wissen auch, dass die Schinkenwurz früher als „Liebeswurzel" gehandelt wurde. Vielleicht sind sie aber auch Feinschmecker. Die Wurzel schmeckt etwas möhrenähnlich mit einer nachfolgenden leichten Schärfe.

Auch **Pastink**, **Johanniskraut** und **Feldthymian** kann man als Samen bei manufactum kaufen. Die haben wir doch auch alle gerade gesehen! Außerdem Haselnusssträucher. Die ernte ich eigentlich immer wild ab. Der Blick in den Katalog lohnt trotzdem wegen alter Obst- und Gemüsesorten. Es sind samenfeste, seltene, ertragreiche Züchtungen.

Palast des Maharadscha,
Drüsiges Springkraut

Juli

Aktuell im Juli sammeln

Walderdbeere

- » **Walderdbeeren**
- » **Johanniskraut** (oberes Drittel des blühenden Krautes für Tee, Öl oder Tinktur, genaue Rezepte im Juni-Sammeltipp)
- » **Stiergräschen-Ruprechtskraut** *(Geranium robertianum)* oder **Stinkender Storchschnabel**. Dieses Kraut können Sie als Urtinktur für Rescue-Tropfen ansetzen, die innerlich genommen bei Schock, Stress, Trauma und Borreliose helfen sollen (nach Roger Kalbermatten, Fa. Ceres, Tinktur-Ansatz-Anleitung im Anhang). Äußerlich angewendet hilft die Tinktur und das frische Kraut gegen Herpes. Man kann das frische ganze Kraut auch im Verhältnis 1:5 mit Rotwein als Liebeswein ansetzen. Am besten geben Sie noch Zimt und Zucker dazu, sonst schmeckt es zu herb. Nach drei Wochen können Sie ihn abseihen. Wenn beide Partner allabendlich ein Pinnchen genießen, sollte sich bald der Nachwuchs einstellen, denn nicht ohne Grund hieß der Storchschnabel schon vor Hunderten von Jahren „Kindsmacherkraut".

Stiergräschen oder Stinkender Storchschnabel, bringt die Kinder!

- » Noch letzte **Holunder**blüten für Schweiß treibenden Tee trocknen
- » Schon erste Blüten des **Drüsigen Springkrautes** gegen Fußpilz in die Schuhe legen oder für die äußerliche Anwendung gegen Hautpilze Tinktur daraus ansetzen
- » **Echtes Labkraut** *(Galium verum)* können Sie als Duftkraut trocknen. Dies war angeblich schon „Marias Bettstroh" und macht gute Laune im Kräuterkissen im Bett. Oder Sie färben damit Ihre Wolle gelb.

Charakteristisches Storchschnabelblatt, oftmals rot gefärbt

Das Echte Labkraut für Duftkissen

Bild u.l.:
Der „Mann" in der Königskerze! Mit Rasputin-Rauschebart? Und Alphorn?

Bild u.r.:
Spitzwegerich: Blätter und Blütenköpfchen in den Salat

» **Mädesüß** (Blüten als Tee oder Tinktur statt Aspirin oder getrocknet als Duftkraut ins Schlafkissen)
» **Mutterkraut** (Blüten und Blätter trocknen für Tee oder frisch als Ur-Tinktur ansetzen), bestes Mittel gegen Migräne
» Immer wieder **Spitzwegerich**blätter (als Tinktur das von mir am häufigsten benutzte Mittel, zum Beispiel gegen das Jucken von Mückenstichen oder Brennnessel-Verletzungen, hilft sofort!)
» Erste **Brennnessel**samen kann man schon essen, trocknen, oder IHM für die Liebe, den Senioren als Anti-Aging-Mittel oder den Veganern als Eisenquelle in den Salat streuen. Die, die Rheuma in den Fingern haben, sollten ohne Handschuhe sammeln. Dann verschwindet auch noch der Rheumaschmerz! Das hat mir eine Kursteilnehmerin erzählt, die als Organistin in der kalten Kirche immer schmerzende Finger hatte, bis sie Brennnesseln ohne Handschuhe geerntet hat. Ein alter Kräutergelehrter namens Brunfels schrieb: „Wenn Sie wollen eheliches Werk treiben, essen Sie den Samen mit Zwiebeln, Eidotter und Pfeffer." Wollen Sie mehr darüber wissen? Dann empfehle ich Ihnen von Peter Kaufhold das Buch „Heilung aus der Apotheke des Herrn" (BoD [Books on Demand], 3. Aufl. Norderstedt 2012). Darin können Sie all die alten Geschichten nachlesen.

- » Wenn man den Hustentee (der zum Beispiel als Grundlage aus **Salbei** und **Thymian** besteht) bereichern möchte, eignen sich **Malven-** und **Königskerzen**blüten, die man trocknet und hineinmischt.
- » Blüten vom **Seifenkraut** für duftendes Shampoo, entweder frisch benutzen oder trocknen. Blüten anteilig in Hustentee
- » Erste Blüten vom **Beifuß**, trocknen zum Räuchern, oder die ganze Pflanze abschneiden (pflücken geht nicht wegen zu hartem Stängel). Die getrockneten ganzen Stiele zu einem dicken Busch binden, dann anzünden und damit räuchern.

Seifenkraut mit zartem „Shampoo"-Duft

» Erste Samen von allen drei **Springkräutern**. *Impatiens glandulifera* (pink), *Impatiens noli-tangere* und *Impatiens parviflora* (beide gelb blühend). Die Samen der letzten beiden sind allerdings winzig. Die können Sie ja Ihren Kindern geben. Man kann sie roh essen (Walnussgeschmack), rösten in der Pfanne (ersetzen die teuren Pinienkerne, aber Vorsicht! Sie springen in der Pfanne, müssen sie ja, wenn sie schon so heißen) oder trocknen als Winternascherei pur oder auf Müsli oder Salat.
» **Himbeeren** und erste **Brombeeren**
» Blüten von weißem und gelbem **Honigklee** fürs Duftkissen (*Melilotus officinalis* oder *Melilotus albus*, na, wenn man schon „-lotus" heißt!)
» Im Garten abernten: **Minze, Salbei, Melisse, Agastache, Monarde, Zitronenverbene, Olivenkraut, Pelargonien**. Die kennen Sie zum Teil nicht? Dann empfehle ich einen Besuch bei Kräutermagic Keller in Datteln. Näheres im Anhang. Nach einem Rückschnitt (ich meine damit natürlich immer Ernte) kommen sie als

Springkrautsamen vom Drüsigen Springkraut

frische saftige Blättchen noch mal wieder. Und können so Monat für Monat frisch geerntet werden.
» **Hasel**nüsse sind reif.
» Öko-Toilettenpapier frisch aus dem Wald: **Linden**blätter sind im Moment weniger tauglich. Ansonsten sind sie ja im wilden Wald meine liebsten, in Designform eben, aber momentan kleben sie vom „Honigtau". Bei einem dringenden Bedürfnis im Juli eignet sich als Toilettenpapier besser die **Pestwurz**. Neulich habe ich allerdings kurz vor dem Benutzen gesehen, dass man sich damit unter Umständen Läuse an den Po schmiert, also vor dem „Geschäft" Lesebrille aufsetzen und genau hinschauen. Die Läuse benutzen die großen Blätter als Sonnenhut und sitzen drunter …

Honigklee, wunderbar duftende Blüten

Tour 17

Haltern: Zauberland Westruper Heide

 Parkplatz am Flaesheimer Damm, kleiner Heiderundgang

Die Westruper Heide wird von Schafen in ihrem tadellosen Zustand gehalten, sonst wäre sie schon mit Wald bedeckt. Über sandige Wege wandern Sie hier durch eine lichte Vegetation mit **Wacholdern, Kiefern** und **Birken**. An einem heißen trockenen Sonnentag riecht es dort so nach Kiefern wie in meinem letzten Frankreich-Urlaub am Atlantik. Auch dort: Sand-Sonne-Kiefern und verdunstendes ätherisches Öl.

Wenn die Heide im August und September blüht, werden Sie hier allerdings tot getreten. Nicht von Schafen, sondern von Besuchern. Die Romantik der uralten **Kiefern** mit ihren ausladenden Ästen können Sie am besten früh morgens in der Woche genießen. An den zugeparkten umliegenden Straßen und Parkplätzen am Wochenende sehen Sie schon, dass hier dann eher eine Atmosphäre wie auf dem Rummelplatz herrscht, Picknick, Radfahrer, Spaziergänger, Kindergeburtstage ...

Wie kommt das? Es ist die letzte große Heidelandschaft im Revier und deshalb wirklich eine Sensation! Es gibt allerdings auch Biologen, die meinen, die Heide sei eher eine Katastrophe. Eine Heide ist niemals natürlich, sondern immer durch Menschenhand entstanden. Durch Kahlschlag und Kahlfressen! In diesem Fall ist der Ruhrbergbau schuld (wie an so vielen kulturellen Highlights des Reviers ...).

Die Nadelholzstämme wurden als Grubenholz für die Befestigung der Stollen gebraucht, den Rest besorgten

Bild Seite 185:
Die Westruper
Heide im Juli

Kühe, Ziegen und Schafe: Die letzten Wurzeln, Sträucher und Kräuter wurden ratzekahl weggefressen!

Heute werden solche Landschaften aus historischen Gründen erhalten. Die Schafe sind Angestellte, die systematisch jeden Baumkeimling vertilgen. Sonst wäre hier schon lange am Start, was sonst normalerweise auf Sand wächst: ein lichter **Kiefern-Birken-Eichen**-Wald.

Blühende Heide hat einen besonderen Zauber! Hier dürfen Sie natürlich nichts pflücken, da hier Naturschutzgebiet ist. Das **Heidekraut** war schon immer ein begehrtes Heilkraut. Sie können es sich ja in den Garten holen: Auf Erde, die mit Sand vermischt wird, kann es dort auch gedeihen. Vielleicht haben Sie es ja schon in den Blumenkästen? Ernten würde ich aber immer nur, wenn es aus Bioanbau stammt (Bezugsquellen siehe Anhang).

Der Tee aus dem blühenden Kraut der **Besenheide** *(Calluna vulgaris)* hilft gegen Gicht und Rheuma, weil er innerlich eingenommen harntreibend wirkt. Die seltener anzutreffende, dafür mit ihren pinken Blüten umso auffallendere **Glockenheide** *(Erica tetralix)* wurde früher aufgrund einer geringen auswurffördernden Wirkung gern in Hustentees gemischt.

Der giftige **Besenginster** fällt nur im Frühjahr mit seinen gelben Schmetterlingsblüten auf. Hier finden Sie auch das **Isländische Moos**,

Bild o.l.:
Isländisch Moos

Bild o.r.:
Wacholder „beeren"

das gar kein Moos ist, sondern in Wahrheit eine Flechte. Sicher kennen Sie es als hustenreizlinderndes Mittel. Es enthält Schleimstoffe, die sich schützend über die gereizten Nerven legen, und antibiotisch wirkende Flechtensäuren. Wenn Sie Ihren Blick auf den Boden heften, werden Sie es an einigen Stellen finden.

    Der **Wacholder** *(Juniperus communis)* nun ist eine alte Heil-Ehrwürdigkeit! Ein Zypressengewächs mit nadelförmigen Blättern und blauen Beerenzapfen. Ja genau: Weder Beere noch Zapfen! Die Beeren nimmt man als harntreibendes Mittel, gegen Husten und zur Anregung der Verdauung. Kennen Sie die als Sauerbraten-Gewürz? Und Wacholder-Schnaps haben Sie vielleicht auch schon mal getrunken.

    Wenn Sie ganz aufmerksam den Boden absuchen, können Sie möglicherweise hier auch noch ein ganz seltenes Schätzchen entdecken, eine fleischfressende Pflanze, den **Rundblättrigen Sonnentau**. Seine Blätter, die mit roten Drüsenhaaren besetzt sind, verdauen die auf ihnen landenden Insekten. In den Drüsen produzieren sie etwas, das unserem Magensaft ähnelt. Nun, jedem das Seine ...

Juli – Tour 17

Touren 18–20

Witten–Bochum–Hattingen:
Einmal um den Kemnader See in drei Etappen

Der See

Der Kemnader See ist für alle da! Drei Städte dürfen sich rühmen, einen Anteil von ihm zu besitzen, nämlich Witten, Bochum und Hattingen. Er ist 3300 Meter lang, an seiner breitesten Stelle beim Bootshaus Gibraltar bis zu 400 Meter breit und durchschnittlich 2,4 Meter tief. Leider kein Badesee! Vor vielen Jahren wurde an der Uni Bochum durch die Hygiene-Abteilung der medizinischen Fakultät die Salmonellen-Konzentration im Wasser gemessen. Diese war astronomisch hoch! Auch heute noch ist der See die Toilette für Kanadagänse und ihre Babies, Blessrallen, Graugänse, Stockenten, Möwen, Fische …

1980 wurde der See eröffnet, ursprünglich angelegt und aufgestaut zur Reinigung des Ruhrwassers. Heute ist er DAS Erholungs- und Freizeit-Zentrum im Ruhrgebiet. Es gibt wohl kaum einen „Ruhri", der ihn nicht kennt, nicht schon mindestens ein Mal da war, sei es zum Zeltfestival jedes Jahr im August, zu „Kemnade in Flammen", einem Volksfest mit Feuerwerk, zum Wandern, Inlinerfahren, Joggen oder Radfahren, zum Tretboot-Mieten oder um die Kinder im Freizeitbad Heveney abzuliefern (Riesen-Wasserrutsche). Am See verläuft auch eine Teilstrecke des 230 Kilometer langen Ruhrtal-Radweges, welcher in Mengen Touristen hierher bringt. Jawohl! Ins Ruhrgebiet.

Die gesamte asphaltierte, komplett ebene Wander-/Rad- oder Inlinerstrecke, die rund um den See führt, ist acht Kilometer lang, wenn man die Fußgängerbrücke über die Ruhr an der Autobahn benutzt. Sie verlängert sich auf zehn Kilometer, wenn Sie den längeren Weg an der Ruhr

entlang über die Brücke in Witten-Herbede bei der alten Fabrik Lohmann wählen.

Zum Erreichen der verwunschenen Ecken oder des Ufers muss man das Fahrrad kurzzeitig stehen lassen oder die Inliner ausziehen.

Auf dem Schiff steht, wie der See heißt! Und ein weißes Schiff macht doch gleich Urlaubsstimmung.

Warum in drei Etappen? Es sind doch nur 8–10 Kilometer! Die schaffen Sie mit dem Fahrrad oder Inlinern in ein bis zwei Stunden, zu Fuß in zwei bis drei, sagen Sie jetzt.

Allerdings nicht, wenn Sie hier ein Blümchen und dort einen Haubentaucher anstaunen müssen. Oder die Kanadagänse-Babies, die im Gänsemarsch am Ufer herstolzieren. Oder am Ufer **Mädesüß** schnuppern möchten. Auch nicht, wenn Sie zwischendurch noch Kräuter für den heutigen Salat oder Tee sammeln möchten oder mit dem „Was blüht denn da?" zum Kräuterbestimmen im Café sitzen. So viel Botanik!

Übrigens können Sie auch nachts hier Kräuter entdecken. Seit 2014 ist die neue Inliner-Bahn bis 23 Uhr beleuchtet. Für alle ohne Inliner: mit Taschenlampe …

Erste Etappe Tour 18

Vom Freizeitbad Heveney zum Bootshafen Heveney

> Parken am Freizeitbad Heveney, Witten, Querenburger Straße 35. Von dort bis zum Boothafen Heveney. Die Strecke ist noch nicht einmal einen Kilometer lang. Die hat es aber botanisch in sich!

Auf dem Parkplatz am Feizeitbad Heveney können Sie mit dem Buch „Welcher Baum ist das?" schon fast eine Erlebnis-Baumführung machen. Oder mit einzeln gesammelten Blättern ein Baum-Memory anfertigen. Da gibt es **Linden**, **Spitz-** und **Bergahorn**, **Sumpf-Eichen**, **Mehlbeeren**, **Hainbuchen**. Nicht jetzt im Juli, aber ab September leuchtet es hier in so vielen Farben, dass ich immer einen Ausflug dorthin mache, nur um mich an dem leuchtenden Rot, Orange, Gelb, Ocker, Braun, Hellgrün und Dunkelgrün der Spitzahörnchen zu laben!

Auf dem Weg vom Parkplatz zum Freizeitbad fällt einem im Juni rechts auf der großen Wiese, die oft von Drachenfreunden besucht wird (große Fläche, genügend Wind, keine **Brennnesseln**), ein weißer Blüten-Teppich auf. **Gänseblümchen?** Nein! **Echte Kamille** (*Matricaria recutita*). Ein ganzes Feld in Bio-Qualität zum Abernten. Wie kommt das hier hin? Hat das einer gesät? Guerilla gardening?

Nein! Im Herbst findet hier das Zeltfestival statt. Für dieses Fest und für andere Großveranstaltungen am See wird diese Fläche als Parkplatz genutzt. Das Ergebnis: verdichteter Boden, ungedüngt, trocken, lehmig, ackerartig. Das ist nichts für Rasengräser. Dagegen der ideale Standort für ein altes „Acker-Unkraut"!

Bild o.l.: Kamillenfeld. Danke mal eben ans Zeltfestival und die Nutzung dieser Fläche als Parkplatz, sonst gäb es die hier nicht!

Bild o.r.: Kamille: oben die Echte, unten die Strahlenlose

Die **Echte Kamille** erkennt man am Geruch! Nach Kamille eben. Und daran, dass die nach oben gewölbten gelben Köpfchen innen einen kleinen kegelförmigen Hohlraum haben. Um sich selbst davon zu überzeugen, nehmen Sie doch einmal ein scharfes Messer und schneiden Sie ein Blütenköpfchen fein säuberlich in der Mitte durch. Die „unechte Kamille" riecht dagegen nach nichts, hat ein flaches gelbes Köpfchen. Dieses ist innen gefüllt.

Dazwischen sind welche ohne weiße Blütchen, nur mit dem gelben Köpfchen. Mutanten? Nein! Das ist die „**Strahlenlose**" Kamille *(Matricaria discoidea)*. In der Volksheilkunde wurde diese Art genauso gebraucht wie die echte. Heute wissen wir, dass ihr einige entzündungshemmende Inhaltsstoffe fehlen, die die Echte Kamille sehr wohl hat. Als krampflösender Tee ist aber auch die strahlenlose zu gebrauchen. Riechen Sie mal! Die strahlenlose hat Ananas-Aroma!

Kamille ist ja so ein altes Heilkraut! Ich liebe sie ausnahmsweise NICHT, da ich als Kind ständig Kamillentee trinken musste und den Geschmack früher schon grässlich fand und heute noch immer grässlich finde. Damit unterscheide ich mich grundlegend von anderen Kräuterliebhabern, denn Kamille ist laut einer Umfrage die beliebteste Heilpflanze Deutschlands! Danach kommt übrigens gleich die **Pfefferminze**. Da kann ich mich sehr wohl anschließen!

Bild o.l.:
Winterlinde mit Bilderrahmen

Bild o.r.:
Blühende Winterlinde

Für Normalmenschen also ist der Tee aus Kamille als entzündungshemmendes, wundheilungsförderndes, krampflösendes und antibakterielles Mittel zu verwenden. Wenn Sie nun hier sammeln möchten, sammeln Sie die Blütenköpfchen, trocknen Sie diese ausgebreitet auf Papiertüchern ca. zwei Wochen und bewahren Sie sie dann in einem dunklen Glas auf. Schon haben Sie Ihren eigenen hoch aromatischen Bio-Kamillentee. Das Feld wird sowieso im August wieder komplett ruiniert: durch die Zelte des Zeltfestivals.

Vor dem Freizeitbad stehend, schauen Sie auf ein rundes Beet, in dessen Mitte eine **Linde** steht. Dies kündigt schon die Lindenallee an, die Sie gleich betreten werden. Erscheint dieser Baum in dem Beet nicht ganz besonders? Nur, weil er (allein!) in einem Beet steht, das rund ist? So gibt man einer Pflanze einen Platz, eine Wertschätzung, eine Bedeutung, die Möglichkeit, für sich allein eine besondere Wirkung zu haben! Probieren Sie das doch einmal in Ihrem Garten: Eine kreisförmige Linie aus Buchsbaum und in dessen Mitte pflanzen Sie eine **Brennnessel**! Ihren Nachbarn müssten Sie den philosophischen Hintergrund möglicherweise erklären. Das hätten Sie am Stausee gesehen, habe was mit Gartenkunst oder „Landart" zu tun, sei alte englische Gartenschule oder so …

Nun, es ist noch gar nicht so lange her, da war das Umfeld dieser Linde auch noch mit Blumen bepflanzt. Das sah noch schöner aus! Jetzt wächst dort eben Vogelmiere und Löwenzahn. Wildsalat statt Blütensalat. Auch gut.

Auf dem Weg vom Freizeitbad zum See finden Sie nun die erste Allee von **Winterlinden** *(Tilia cordata)*. Gerade Ende Juni präsentieren sie sich in einem besonderen Gewand: Die „Tragblätter", an denen die Blütenstände hängen, werden weiß! Das machen die ja für uns, damit wir merken, dass bald die Blüten ernteriefe sind! Nein, sie machen das natürlich auch für die Bienen! Meist ist die Ernte nur 2–3 Tage möglich, dann ist schon wieder alles verblüht. Ich verpasse es fast immer. Zum Glück gibt es noch andere Lindenarten, zum Beispiel die **Sommerlinde** und auch den Mischling aus beiden Arten sowie die **Silberlinde**, die zu etwas anderen Zeiten blühen und die ebenfalls geerntet werden können.

Jetzt hören Sie vielleicht auch schon die Frösche quaken? Gehen Sie nun rechts auf die Brücke zu, die über einen kleinen See-Zufluss führt. Rechts davor sehen Sie den Zugang zum Hades, zur Unterwelt. Das hätten Sie nicht gedacht, hier an einem harmlosen, angelegten, immerhin noch stadtnahen und nicht in Griechenland vorkommenden, stark frequentierten See, oder? Aber dort, wo eine **Silberpappel** *(Populus alba)* steht, ist der Eingang zur Unterwelt! Hades, der Unterwelt-Gott, hatte einmal eine wundervolle Freundin, die gestorben ist. Sie war so hell, rein und schön wie das Mondlicht, und zu ihren Ehren und zur Erinnerung an sie pflanzte er eine Silberpappel an den Eingang der Unterwelt. Der Baum ist unschwer an seinen silbrigen Blattunterseiten zu erkennen. Wenn Sie sich trauen, noch länger stehen zu bleiben, und noch nicht von einem Radfahrer überrollt worden sind, schauen Sie sich doch einmal die Blätter an: Sie haben wunderschöne Formen und sind alle leicht verschieden. Und sehen Sie auch die vielen Ausläufer, die der Baum in den benachbarten

Bild o.l.: Silberpappel

Bild o.r.: Romantisches Fleckchen am Ölbach

Rasen schickt? Alles kleine „Leukes". So hieß sie, seine Angebetete …

Hinter der Brücke führt ein kleiner Pfad rechts am Zufluss, dem Ölbach, entlang. Dort sehen Sie schon von weitem eine rote Bank. Es lohnt sich, hier einen kleinen Abstecher vom Rundweg zu machen und die Flora zu bestaunen: Beide Seiten des Weges sind voller Kräuter. Hier windet sich die rosa blühende **Ackerwinde** um die Kräuter. Eine Schönheit für Pflanzenästheten, ein Labsal für Wildbienen und Schmetterlinge, ein Graus für Gärtner, da die Wurzeln der **„Sauwinde"** viele Meter lang werden

Die Ackerwinde oder „Sauwinde" hat meine Lieblingsfarbe

können und überall einfach neue Pflanzen an die Erdoberfläche schicken. Nichts zum Essen jedenfalls, unverträglich. Ich habe mal bei einer Gartenaktion eine Sauwinde ausgegraben und bin ihren Wurzeln im frisch umgegrabenen Beet nachgegangen. Mit einem Zollstock habe ich nachgemessen, welches Knäuel ich da aufgerollt hatte: Es waren zehn Meter!

Für den Salat gibt es hier **Gefleckte Taubnessel** und **Kletten-Labkraut**. In Rosa blühen hier der **Sumpf-Ziest** (dessen Wurzeln die Engländer als Gourmetspeise essen), der **Wasserdost** und das **Zottige Weidenröschen**, in Weiß **Wolfstrapp**, **Wiesenkerbel** und der **Taumelnde Kälberkropf**. Die letzten beiden gehören zu den Doldenblütern und sind für Laien nur schwer auseinanderzuhalten. Bei meinen Kräutertouren rate ich davon ab, die weißen Doldenblüter zu ernten. Der Wiesenkerbel ist lecker, der Tau-

Bild l.:
Die ordentlichste Pflanze Deutschlands: der Wolfstrapp

Bild o.r.:
Taumelnder Kälberkropf, bringt die Kälber zum Taumeln, Massenbestände hier am Wegrand, leider nichts zum Essen

Bild Mitte r.:
Wasserlinse, eiweißreiche Kraftnahrung

Bild u.r.:
Wiesenkerbel-Blatt, typischerweise glänzt es

melnde Kälberkropf aber „bringt die Kälber zum Taumeln" und uns eventuell auch.

Im Wasser finden Sie die **Kleine Wasserlinse**. Diese ist, wenn sie gewaschen wird, als eiweißreiche Kraftnahrung nicht nur für Enten als Entengrütze, sondern auch für uns essbar und mit ihrem enormen Eiweißgehalt (35 Prozent) ein Ersatz für Fleisch! Daneben findet sich die giftige gelbe **Iris** mit ihren schwertförmigen Blättern. Deshalb heißt sie ja auch „Schwert"lilie. Und die **Teichmummel**, die als Tee aus der Wurzel nur für Mönche und Nonnen war, warum wohl?

Erzengelwurz-Blütenstand

Riesenblätter der Erzengelwurz

Sträucher und Bäume säumen die Wegränder: **Feldahorn**, **Haseln**, **Weiden**, **Pfaffenhütchen**, **Bergahorn**, **Spitzahorn** und **Holunder**. Bevor am 9. Juni 2014 der große Sturm über das Ruhrgebiet fegte, war hier am Wasser ein verwunschener Ort. Die ins Wasser überhängenden **Weiden**zweige bildeten eine herrliche Kulisse für die Frösche, die dort quakend auf den **Seerosen**blättern saßen. Der Sturm hat einiges zerstört, aber **Weiden** und **Haselsträucher** wachsen ja zum Glück blitzschnell nach.

Direkt am Wasser unterhalb der Brücke wächst der **Bittersüße Nachtschatten**, den ich immer so gerne sammle. Ist es doch fast das einzige einheimische Kraut, dessen Stängel (als Tee gekocht) ähnlich wie Cortison wirken. Er hat lilafarbene Blüten mit gelben, zu einem Kegel zusammenstehenden Staubblättern. Die Blütenform ist wie die der **Kartoffel**. Aha! Ein Nachtschattengewächs, also nichts für den Salat! Leider wächst er – wie auch hier – fast immer an Stellen, wo man sich zum Sammeln ins Wasser stürzen müsste ...

Gehen Sie nun zurück zum See und direkt hinter der Brücke links die erste kleine Treppe zum See hinunter.

Von den Treppen gibt es mehrere. Bei allen lohnt sich ein Ausblick, da es fast die einzigen Orte sind, wo man ungefährdet direkt an die Wasserkante des Sees kann, die botanische Schätzchen bietet.

Genau da, wo es am wenigsten einladend aussieht und die Enten und Kanadagänse inmitten eines Teppichs aus **Wasserlinsen** und Müll schwimmen, erwartet Sie die **Engelwurz** *(Angelica archangelica)*.

Nicht irgendeine, sondern sogar die **Erzengelwurz**. Ein seltenes und in alten Zeiten wie heute hochgeschätztes Heilkraut. Nicht ohne Grund hat sie einen so stolzen Namen. Sie war eines der Kräuter, die bei den mittelalterlichen Pestepidemien die Pestärzte vor Ansteckung bewahrt haben. Man bereitete aus der Wurzel einen Tee oder legte sie für einige Wochen in Wein oder Essig ein und gurgelte damit, wusch sich und tränkte den Gesichtsschutz damit, um eine Infektion zu verhindern. Tatsächlich wirkt der Wurzelextrakt antibakteriell, außerdem gegen Viren und ist generell entzündungshemmend. Innerlich eingenommen ist die Wurzel ein Bitter-Tonikum, welches nicht nur Leber und Verdauung anregt, sondern das Immunsystem stärkt. Bitte sammeln Sie hier aber nichts, denn die Pflanze kommt bei uns nur selten vor, auch wenn sie hier um den Stausee an vielen Stellen steht!

In der Phytaro-Schule habe ich gelernt, dass die Stängel der Riesenblätter genauso wirksam sind! Sie müssen die Pflanze also fürs Sammeln nicht umbringen, was ja geschehen würde, wenn man die Wurzel erntet, sondern können immer wieder die großen Blattstängel ernten. Ich habe mir eine in den Garten geholt (zu kaufen etwa bei Kräutermagie Keller in Datteln und danach zum Selbstvermehren aus den Samen mit dem Trick: Die Samen sind nur drei Wochen nach der Reife keimfähig, also alle direkt wieder aussäen) und habe dann immer wieder die Stängel geerntet, in kleine Stücke geschnitten, als Tee getrocknet oder zu Tinktur verarbeitet. Hat wunderbar geholfen!

Und verbessert tropfenweise eingenommen nach eigener Erfahrung die Laune. Engel eben.

Ich wollte bei einer Kräuterführung einmal mit einer Gruppe genau dorthin an diese Treppe, aber ein Schwan hatte es sich mit seinen beiden Jungen dort gemütlich gemacht. Die Kleinen badeten in der Sonne und auch unser entschlossenes Runtergehen – wir waren immerhin 20 Personen – konnte sie nicht dazu veranlassen, ihren Sonnenplatz zu verlassen. So konnte ich bei dieser Tour also nicht das blühende **Johanniskraut**feld *(Hypericum perforatum)* und das **Ackervergissmeinnicht** *(Myosotis arven-*

Sumpfziest, die Blätter riechen unangenehm, die Blütenzeichnung dagegen ist eine Schönheit!

sis) zeigen. Das Ackervergissmeinnicht hat so kleine blaue Blüten, dass es wohl für Elfen oder Zwerge gedacht ist! Oder für die Puppenstube. Eigentlich würde man ja hier am Wasser eher das Sumpf-Vergissmeinnicht erwarten, aber an dieser lehmig-trockenen Böschung wächst eben das Acker-Vergissmeinnicht. Ob Acker- oder Sumpf-, wir können alle **Vergissmeinnicht**-Arten mit Blatt und Blüte in den Salat tun. Auch für Anfänger, schmeckt nämlich nach nichts.

Ich konnte nicht den urtümlich aussehenden **Dreizahn** *(Bidens triparta)* zeigen und nicht das Massenvorkommen des **Sumpfziestes** *(Stachys palustris)* mit seinen hübschen rosafarbenen Lippenblüten. Haben Sie schon einmal beim Sumpfziest an den Blättern gerochen? Unangenehm! Daran ist er eindeutig zu erkennen.

Beim Weitergehen auf dem geteerten Weg am See entlang hin zum Bootshafen werden Sie von **Ahorn-Bäumen** und **Linden** begleitet: Hier hängen die Blüten ausnahmsweise in idealer Sammelhöhe! Bei fast allen anderen Linden, die ich kenne, braucht man Leitern oder 2,50 Meter große Basketballspieler zum Pflücken! Die Wiesen rechts und links sind gut gedüngt von den Hinterlassenschaften der Kanadagänse, die hier ihre große Kinderschar zum Fressen hinschicken.

Nun haben Sie schon so viele Kräuter gesehen! Gehen Sie jetzt ganz entspannt die zwei Kilometer weiter bis zum Hafen Oveney. An der Wasserkante entlang können Sie einen Blick auf die „weiße Flotte" und den Leuchtturm auf der gegenüberliegenden Seite werfen, der den Zufluss der Ruhr in den See markiert. Die Motorschiffe MS Kemnade und die MS Schwalbe II gleiten durch die von Wasserpest frei gemähte Fahrrinne. Sollten Sie die **Wasserpest** *(Elodea nuttali)* einmal aus der Nähe in Augenschein nehmen wollen, können Sie im Hafen Heveney oder im Hafen Oveney ein Tretboot mieten. Nach kurzer Zeit befinden Sie sich mittendrin und müssen ordentlich trampeln, weil

sich die Pflanzen auch um Ihre Propeller wickeln. Ich liebe dieses Kräutlein, denn es reinigt das Wasser. Es wäre ein gutes Kraftfutter fürs Vieh, was man aber in Deutschland noch nicht wahrgenommen hat.

Zur Bekämpfung des Krautes wurden im Jahr 2009 Fische (Rotfedern) in den See ausgesetzt, die sich hauptsächlich von Wasserpest ernähren. Das haben sie dann also getan und die Wasserpest dachte: „Oh, ich werde gebraucht! Dann werde ich mal viele kleine Wasserpest-Kinder machen …!" So sind also heute immer noch Rotfedern da. Ich habe die Angler gefragt. Rotfedern schmecken gut! Und es ist immer noch Wasserpest da. Und das Mähboot ist auch noch im Einsatz …

Wasserpest, für Tretbootfahrer ein Gräuel, für Rotfedern (Fische) ein Genuss

Zweite Etappe Tour 19

Bootshafen Heveney bis Bootshafen Oveney

ⓘ Die zweite Etappe der Stausee-Tour können Sie beginnen, wenn Sie am Bootshafen Heveney auf dem großen Parkplatz parken (Navi: Bochum, Blumenau), und beenden im Haus Oveney, Restaurant unterhalb des großen Parkplatzes Bochum-Stiepel (Navi: Bochum: Oveneystraße 65). Die Strecke ist ca. zwei Kilometer lang, eben und asphaltiert.

Am Kiosk oberhalb des kleinen Hafens Heveney können Sie Eis essen oder Ihre Kinder erst einmal auf den Spielplatz schicken. Oder zur Toilette. Direkt am Spielplatz, neben der **Linde**, die theatralisch schön mitten auf dem Weg in einem runden Beet steht, wächst eine **Sumpfeiche** *(Quercus palustris)*. Nein, kein deutscher Baum. Eine Art aus Amerika. Die Blätter sehen ähnlich aus wie bei der **Roteiche**, mit sehr scharfen Zähnen, aber viel schmaler. Im Herbst kommt keiner an diesem Baum vorbei. Die schon fast grelle Rotfärbung ist ein Hingucker!
Am Lokal „Stranddeck" haben sie es mit **Palmen** versucht. Ursprünglich standen hier **Feldahorn**- und **Hainbuchen**bäume, die immer noch da stehen. Deren Wurzeln sind nun auch vom Sand bedeckt. Das ist den Bäumen aber scheinbar egal. Sie sehen frisch und gesund aus.
An der Wasserkante wuchert eine weiß blühende Ranke: die **Weiße Waldrebe** *(Clematis vitalba)*, die einheimische *Clematis*. Ich finde ihre Blüten mit den vielen Staubblättern allerliebst! Wenn ich Ihnen sage, dass sie zu den **Hahnenfuß**gewächsen gehört, wissen Sie vielleicht schon, dass man sie nicht essen kann. Der Blattsaft kann sogar die Haut verätzen! Die Früchte sehen hinterher aus wie ein weißer Strubbelkopf, was ihnen den Weg in die Trocken-

Weiße Waldrebe, unsere einheimische *Clematis*, leider giftig

sträuße geebnet hat. Ein anderer Name für die Pflanze ist auch „Weißes Frauenhaar". Das finde ich persönlich aber gemein. Auch Männer können doch lange weiße Haare haben!

Nun gehen Sie ein kleines Stück noch am See weiter, wechseln dann aber ganz rechts rüber, über den Inlinerweg hinweg zum Radweg. An einer Bank und drum herum wachsen Salatkräuter: **Vogelmiere** und **Weiße Taubnessel** in saftigstem Grün. Vor der Bank zwischen den Pflastersteinen steht ein Schätzchen mit kleinen länglichen Blättchen und winzigen rosafarbenen Blütchen: der **Vogelknöterich** *(Polygonum aviculare)*. Ja, die Vögel mögen die winzigen Samen! Und wir können das Kraut essen oder aus dem Tee Umschläge gegen Hautkrankheiten machen.

Weiter geht's ein kleines Stück noch am Radweg entlang. Stellenweise ist der **Adlerfarn** flächendeckend da. Um die eingerollten Spitzchen zu knabbern oder daraus eine Gemüsepfanne zu bereiten, ist es jetzt leider schon zu spät. Das können Sie nur mit den ersten jungen Sprossen im Frühling tun. Nun überwiegen leider die Giftwirkungen.

An anderer Stelle wuchern **Giersch** und **Brennnesseln**. Es wären genug, um daraus eine große Pfanne Römerspinat zu machen: Mit Knoblauch und Zwiebeln in der Pfanne anbraten. Schmeckt herrlich spinatig.

Und das Hundeproblem? „Dog poop", sagen die Engländer … Hier nicht, hier ist ja der Radweg. Die Hunde benutzen den anderen! Wenn Sie noch ein wenig weiter die Augen rechts am Wegrand ins Grüne schicken, sehen Sie noch ein Feld gelben **Hornklees** (Tee zum Schlafen), **Schafgarben** und **Klee** (auch noch für Salat). **Brombeeren** können Sie hier auch bald in großen Mengen ernten. Dahinter ist eine felsige Steilwand mit knorrigen **Hainbuchen**.

Wo Rad- und Inlinerweg aufeinander treffen, steht ein kleines Kunstwerk, eine Art künstliche winzige Bruchsteinmauer in Wellenform. Ab hier gehen Sie weiter auf dem Weg direkt am Wasser. Rechts von Ihnen trennt ein Strauchstreifen die beiden Wege auch optisch. Hier wurde wohl ursprünglich der giftige **Liguster** gepflanzt, der schon winzige grüne Beeren trägt. Dazwischen haben sich von alleine **Feldahorn, Roter Hartriegel, Hasel** und **Weißdorn** angesiedelt. Für die Vögel sind diese wilden Hecken

An dem Wasserstandsanzeiger steht die Kornelkirsche

ein Fest: Hier können sie bald einen bunten Obstsalat genießen: rote Weißdorn- und schwarze Liguster- und Hartriegelbeeren!

Nun sehen Sie vielleicht auch schon auf der LINKEN Seite die **Kornelkirschen**-Früchte in Rot leuchten, wenige Meter vor der Stelle, an der links die drei weißen Wasserstandsanzeige-Schilder stehen. Sie sind hier angepflanzt und im August erntereif erst, wenn sie dunkelrot und ein wenig weich sind und nicht nur sauer, sondern auch süß schmecken. Vitaminbomben! Lecker zum Marmeladekochen. Pflücken Sie ruhig, wenn Sie nicht menschenscheu sind, denn garantiert wird der nächste vorbeikommende Passant Ihnen wieder das Leben retten wollen, indem er Sie auf die Giftigkeit hinweist. Also, Kornelkirschen sammeln ist zum einen eine sehr kommunikative Arbeit, zum anderen befriedigt es die Urinstinkte von uns alten Jägern und Sammlern, zum dritten wird der Genuss der Kirschen eine Freude für Ihren Gaumen und Ihr Immunsystem sein. Sagte ich schon, dass die Verwandten der Beere in China als Liebesbeeren gehandelt werden?

Rechts bietet sich eine runde Hütte für eine Pause an. Hier haben auch schon Menschen übernachtet. Die Luft ist frisch, links daneben steht der **Stumpfblättrige Ampfer**, dessen taunasse Blätter sich aus meiner Erfahrung ideal für die Morgentoilette eignen: als Waschlappen und

Bild o.l.:
Roter Hartriegel, weiße Blüten, schwarze Beeren, Blattnerven alle zur Blattspitze gebogen. Für uns ungenießbar.

Bild o.r.:
Kornelkirsche

Bild l.:
Birke mit herrlicher Rinde

Bild o.r.:
Bachbunge, Bitterkraut mit winzigen blauen Blütchen am Wasser

Bild u.r.:
Am Zaun des kleinen Zuflusses wächst das Drüsige Springkraut

feuchtes Toilettenpapier. Daneben steht der **Beifuß**. Der soll schon im Mittelalter alles Böse fern gehalten haben. Ein rundum schönes Plätzchen!

Am Ufer ist hier eine wunderschöne Zier-**Birke** gepflanzt. Ihre drei Arme zeigen eine herrlich weiße Rinde! Keine einheimische Birke hat dieses reine Weiß. Wussten Sie, dass der weiße Farbstoff namens Betulin dazu da ist, das Sonnenlicht zu reflektieren? Dann wird ihr niemals zu heiß. Birkenblätter im Tee helfen gegen Ödeme und Blasenentzündung. In den nordischen Ländern zapft man die Birke im Frühjahr an und gewinnt aus ihr süßen Birkensaft. Aus der Borke wurden früher Taschen und Papier hergestellt.

Nach einigen Metern gelangen Sie an eine kleine Brücke, die über einen Bach führt. Was wächst da in der Rinne? Dunkelgrüne rundliche Blätter, winzige dunkelblaue Blüten: die **Bachbunge** *(Veronica becca-bunga)*, ein Bitterkraut. Ich freue mich immer, wenn ich sie mal sehe, weil sie bei uns nicht allzu oft vorkommt. Eine *Veronica*-Art, ein **Ehrenpreis**, dessen Vertreter sich alle im Salat oder Tee eignen, wenn man chronische Hautprobleme hat! Probieren Sie mal! Als Bitterdroge wirkt es blutreinigend und leberanregend. Die fleischigen Blätter können Sie in kleinen Mengen in den Salat oder aufs Brot tun.

Links am Ufer steht flächendeckend das **Gänsefingerkraut**. Für meinen Salat und den der Gänse.

Rechts grüßen uns **Säulenpappeln**, die hier und auch ein paar Meter weiter theatralisch schön auf einer Wiese angeordnet sind. Von der anderen Seeseite aus gesehen bereichern sie die Baum-Skyline ungeheuer! Welche Formen Bäume doch haben können! Ich mag sie. Sie sind schnellwüchsig und wurden früher wie auch heute (zum Beispiel flächendeckend in Holland) an Wege gepflanzt, um auch von weitem schon den Weg kenntlich zu machen und beim Gehen (Napoleon früher mit seinen Heeren) für Schatten zu sorgen. Ich bin froh, dass sie als kurzlebige Bäume das Juni-Unwetter 2014 unbeschadet überstanden haben!

Nun nähern wir uns langsam der breitesten Stelle des Sees. Wo der gepflasterte Weg in einen Schotterweg übergeht, stehen drei Bänke. Da wächst einiges mit direktem Hautkontakt.

Nun sind Sie schon bald an der Bruchsteinmauer unterhalb der Gebäude. Die alten Bruchsteinhäuser der ehemaligen Zeche Gibraltar beherbergen heute einen Fahrrad-

Bild u.l.:
Säulenpappeln, für die „Skyline"

Bild u.r.:
Bank, was wächst da mit Hautkontakt? Oben Holunder, unten Beinwell.

An dieser Mauer wächst die Kräuterflut.

Wilder Dost, Hustentee und Mittel gegen den Teufel

Arznei-Thymian, bitte hier nicht ernten! Eine Seltenheit!

Tüpfel-Johanniskraut, schauen Sie einmal die Tüpfel in den Blättern an

und Inliner-Verleih und ein Restaurant. Gibraltar liegt hier nicht –wie in Spanien – an der schmalsten, sondern im Gegenteil an der breitesten Stelle des Sees.

Auf dem Weg aus Richtung Heveney kommend halten wir uns auf dem kleinen mit Bruchsteinen gepflasterten Weg die ganze Zeit direkt am Wasser und lassen Gebäude, Treppen und Rampen des Gibraltar-Gebäude-Ensembles rechts liegen.

Links können Sie schon bald **Brombeeren** ernten. Ich lasse mich hier nicht über die 350 Brombeer-Arten in Deutschland aus. Weil ich nämlich nicht zu den an einer Hand abzählbaren Spezialisten gehöre, die sich damit auskennen und die die Brombeeren zum Teil am Geschmack unterscheiden können! Was ich damit sagen will: Alle schmecken anders und lohnen unbedingt einen Geschmackstest! Ein paar Meter weiter ist der See links nicht mehr zu sehen, weil **Japanischer Staudenknöterich** *(Fallopia japonica)* die Sicht versperrt. Wollen Sie sich schnell noch eine Flöte schnitzen? Einfach mit einem Messer jeweils unter den Knoten des dicken Staudenknöterich-Stängels ein 15 Zentimeter langes dickes Stück abschneiden und von oben wie in eine Bierflasche hineinblasen. Damit können Sie spontan Ihre Kinder begeistern. Ich liebe diese Pflanze mit Migrationshintergrund, denn im Frühjahr kann man die jungen Stängel wie Rhabarber essen.

Auch **Weiden** versperren gerade hier den Blick aufs Wasser. Das ist aber nicht weiter schlimm, ist doch die Bruchsteinmauer rechts ein Botaniker-Eldorado!

Hier ein paar von meinen Lieblingen an der Mauer:
» **Wilder Dost** *(Origanum vulgare)* mit rot-lila Blütchen und aromatisch duftenden Blättchen. Er ist als Gewürz und Hustentee zu gebrauchen. Schützt auch vor dem Teufel! Eine alte Geschichte geht so: Eine Mutter hatte ihre Tochter bei einer Hexe in die Lehre gegeben. Eines Tages sollte auch der Teufel dazu kommen. Vor dem

Wilde Möhre, für mich eine der schönsten einheimischen Pflanzen!

wollte die Mutter ihre Tochter aber beschützen, deshalb steckte sie ihr den Dost ins Kleid. Als der Teufel kam, verschwand er schnurstracks mit den Worten: „Wilder Dost! Hätt ich das gewosst! Hätt ich dich vernommen, wär ich nicht gekommen!"

» **Arznei-Thymian** *(Thymus pulegioides)*, ein Halbstrauch mit lila Blütchen. Er sieht gar nicht wie ein Halbstrauch aus, ist er doch insgesamt winzig und die Blättchen sind nur wenige Millimeter lang. Er ist verwandt mit dem **Echten Thymian** und wird ähnlich wie dieser verwendet. Da bei uns der Thymian eine absolute Seltenheit ist, sollte man ihn hier unbedingt stehen lassen! Beim Echten Thymian ist der Gehalt an ätherischen Ölen auch viel höher als bei diesem hier. Dennoch lohnt sich eine Geruchsprobe: Zerreiben Sie mal ein Blättchen. Erkennen Sie den Duft von Hustentee? Oder Provence-Kräutern?

» **Wilde Möhre** *(Daucus carota)*. Wer die Wilde Möhre ausgräbt, findet eine bleistiftdicke hellgelbe Wurzel:

Die Wilde Möhre ist unter anderem an ihren zerschlitzten Dolden-Hüllblättern zu erkennen.

Rainfarn-Blatt, kein Farn, sondern ein Körbchenblütler, nicht essbar

Mauerblümchen, ein Mini-Löwenmaul

Königskerze an der Mauer

Riecht nach Möhre, schmeckt nach Möhre. Aus dieser Urmöhre wurde die uns allen bekannte orangefarbige Möhre gezüchtet. Die Blütenstände gehören mit ihren filigranen Hüllblättern, der (manchmal) schwarzen Blüte in der Mitte der Dolde und ihrem zur Samenreifezeit nestartigen Aussehen zu meinen Lieblingen. Eine Tinktur aus der Pflanze zentriert, wenn man zu viele Dinge auf einmal im Kopf hat. Dazu sammeln Sie das obere Drittel der Pflanze, schneiden es schnittlauchklein und setzen es für drei Wochen ca. im Verhältnis 1:5 in Wodka an. Danach gießen Sie alles durch ein Sieb und einen Kaffeefilter ab und bewahren die fertige Tinktur in einer braunen Tropfflasche auf. Wenige Tropfen dieser Urtinktur bringen einen dann in eine klare Gedanken-Richtung. Der Gründer der Firma Ceres, Roger Kalbermatten, beschreibt in seinem Buch „Wesen und Signatur der Heilpflanzen" (Aarau 2012) eindrücklich sein Erlebnis, wie ihn die Möhre wieder „auf den Boden" brachte. Hier an der Mauer findet man die kleinsten und niedlichsten wilden Möhren im Ruhrgebiet. Sie blühen schon in einer Höhe von wenigen Zentimetern, obwohl sie ansonsten stolze 50 Zentimeter erreichen.

» **Königskerzen** *(Verbascum sp.)* mit großen gelben Blüten. Die Blüten eignen sich für Hustentee. Die weichen großen Flauschblätter stehen auf meiner Liste der beliebtesten Wildnis-Toilettenpapiere auf Rang 1! Früher wurden die dicken verblühten Kolben getrocknet, in Pflanzenöl getaucht und angezündet: Das war die Öko-Fackel! Der Saft aus den Blättern wird zur Wundheilung benutzt.

» Weitere Pflanzen an der Mauer unter anderem: **Wiesen-Labkraut** *(Galium mollugo* für Salat), vereinzelt **Wasserdost** *(Eupatorium cannabinum,* Teekur zur Stärkung des Immunsystems, nicht länger als drei Wochen, da in geringer Menge leberschädliche Pyrrolizidinalka-

Bild o.l.: Spitzwegerich, die Blütenköpfe schmecken nach Champignons

Bild o.r.: Wegerichköpfchen für die Pfanne

loide darin sind) und gelber **Rainfarn**. Die Blüten und Blätter riechen nach Zitrone. Im Allgemeinen ist das Kraut giftig. Eine ältere Dame erzählte mir einmal, dass sie nie den schrecklichen Geschmack des Rainfarns vergessen wird. Als Kinder auf dem Bauernhof mussten sie täglich vier Blütenköpfchen zum Frühstück kauen. Das war die damalige „Wurmkur".

» Außerdem wächst hier das gelb blühende **Schmalblättrige Greiskraut** *(Senecio inaequidens)*. Es hat gelbe Körbchenblüten und schmale grasähnliche Blätter. Dies ist ein Immigrant aus Südafrika. Kennen Sie es vielleicht flächendeckend von den Autobahn-Randstreifen? Leider nicht essbar.

» Hier wächst die **Raue Gänsedistel** *(Sonchus asper,* für Salat, bitte sehr klein schneiden, sonst pieckst es), das **Mauerzymbelkraut** *(Cymbalaria muralis)*, ebenfalls für Salat, welches das kleinste und süßeste „Löwenmäulchen" hat, das ich kenne! Schauen Sie einmal die kleine rosa-gelbe Blüte an. Es sieht tatsächlich wie ein zwergenhaftes Löwenmäulchen aus. Sehen Sie auch ein verblühtes? Dann wundern Sie sich vielleicht, dass es sein Köpfchen (scheues „Mauerblümchen?") nach unten zur Mauer hin neigt. So pflanzt es seinen Samen selbst wieder genau zwischen die Steine. Genial!

Auf dem kleinen Rasenstück in Höhe der Mauer zu beiden Seiten des Weges wächst in Menge **Spitzwegerich**. Aus den braunen Blütenständen, deren Staubblätter um den Kolben wie Monde um einen Planeten kreisen, lässt sich eine herrliche Gourmet-Mahlzeit zubereiten.

„Pilzpfanne" im Hochsommer

Zwiebel- und Knoblauchstückchen mit etwas Butter in der Pfanne leicht anbraten, Köpfchen des Spitzwegerich dazu geben, 10 Minuten dünsten, würzen mit Salz und Pfeffer und genießen. Wenn man länger brät, werden die Köpfchen knusprig und eignen sich als Zugabe zum Salat. Pfifferlinge sind nix dagegen!

Aber auch die Blätter dürfen in den Salat. Sie enthalten neben vielen Heilstoffen Silicium, welches wir gerne für unsere Haut, Haare und Nägel aufnehmen wollen. Des Weiteren wachsen hier **Himbeeren** und genug **Klee** für Salat. Vom Klee kann man Blüten wie Blätter in den Salat geben. Die Weißkleeblüten wurden früher getrocknet und zum Strecken des Mehls benutzt. Alle Sorten sind essbar: der **Rotklee**, der **Weißklee** und der **Kleine Klee** mit gelben Blütenköpfchen. Klee gehört nicht unbedingt zu den Gourmetkräutern (finde ich und nach diversen Umfragen meine Kursteilnehmer auch), aber er ist als Füllmittel geeignet und sehr eiweißreich. Für „Fleischlos-Esser" daher eine willkommene Beigabe zu Salat oder Smoothie. Daneben wächst **Beinwell** (einzelne Blättchen und Blüten für Salat), **Vogelwicke** mit feinen lilafarbenen Blüten (nicht roh essen), die **Viersamige Wicke** (auch nicht roh essen) und **Schafgarbe**. Ein paar der filigranen Blättchen oder der weißen Blüten geben dem Salat eine interessante Würze! Ab und zu findet man dazwischen ein duftendes elfenbeinfarbenes **Mädesüß**, dessen getrocknete Blüten als Aspirinersatz genutzt werden. Ich habe mir einige gesammelt, getrocknet und in ein Kissen genäht. Dieses Kräuterkissen ist zum Einschlafen genial!

Unter dem Treppenaufgang wuchert flächendeckend der wilde **Hopfen**. Übrigens die einzige Pflanze, die sechsmal den Buchstaben „u" im Namen hat, auf lateinisch „*Humulus lupulus*". Von ihm sammelt man die weiblichen Blütenzapfen im August als Tee gegen Schlafstörungen.

Nun gehen Sie weiter zur DLRG- und Bootsverleih-Hütte. Hier können Sie Surfbretter, Ruder- und Tretboote mieten und damit die **Wasserpest** und **Teichmummeln**, die **Wasserlinse** und weitere **Unterwasserkräuter** und **Algen** direkt vom See aus anstaunen. Direkt am Wasser ist die Algenflut so dicht, dass man fast drüber laufen könnte!

An der Wasserkante empfängt uns eine Farbenflut: pinkfarbenes **Drüsiges Springkraut**, die „Orchidee des kleinen Mannes", die mit ihren großen Blüten regelrecht „klotzt", daneben in Zartrosa: blühender **Baldrian**. Riechen Sie mal. Baldrian in der Vase lockt die Katzen von nah und fern! Also besser stehen lassen. Dazu essbare **Weidenröschen** in Rosa. Flächendeckend steht an einigen Stellen der lila blühende **Sumpf-Ziest**, dessen Blätter etwas unangenehm riechen.

Schauen Sie einmal an allen Stellen, wo die Boote ins Wasser gelassen werden, bzw. an den Stegen, rechts und

Bild u.l.:
Mädesüß mit Fruchtständen: Schauen Sie die einmal mit Ihrer Lesebrille an: Sie sehen aus wie kleine Schnecken

Bild u.r.:
Dickes Algenmus ...

Juli – Tour 19 ∫ 213

Bild o.l.: Drüsiges Springkraut, hier einmal in Hellrosa

Bild o.r.: Baldrian, mit grässlichem Blütengeruch!

links in die Uferwildnis. Dort ist der dichte Bewuchs stellenweise mit rosaroten Fäden bedeckt. Müll? Wolle? Nein! Es ist eine Ranke mit roten lianenartigen Stängeln und kleinen weiß-rosa Blüten, die sich zu einem Köpfchen zusammendrängen. Das ist der **Teufelszwirn**! Jawohl! Gefährliches Zeug, saugt es doch an anderen Pflanzen, bevorzugt an Brennnesseln, was ich ja wieder verstehen kann, gehören doch gerade die zu den mineralstoff- und vitaminreichsten Wildkräutern. Selbst erspart der Zwirn sich das Blattgrün, ein Schmarotzer also. Ein weiterer Name für die Pflanze ist **Nesselseide**. Nun, der Stängel ist schon viel dicker als ein zarter Seidenfaden. Aber die (Brenn-)Nessel umspinnt er schon. Die *Cuscuta europaea* ist leider nur zum Staunen, wie sie sich um sich selbst windet und rote Fadengeflechte über das ganze Grünzeug zieht. Leider nichts zum Essen.

Wir verlassen nun den asphaltierten Weg und folgen einem schmalen Trampelpfad durch eine wilde Wiese, immer, so nah es geht, am Wasser entlang. Dies ist ein wenig begangener Weg, ein Geheimtipp in die Wildnis! Das Gebüsch wird an beiden Seiten dichter. Nach einem schmalen Durchgang sehen Sie einen versteckt liegenden Teich. Genau an der schmalsten Stelle des Weges, wo Sie rechts und links an einem Busch vorbei müssen, etwa wie bei einem Durchgang durch ein Tor, erwarten Sie rechts dahinter je ein Strauch mit seltsamen roten und einer mit schwarzen Beeren. Ob die essbar sind? Die roten glänzenden, herrlich appetitlich aussehenden, jeweils zu zweit stehenden, gehören der **Roten Heckenkirsche**. Die Beeren sind nur für die Vögel! Giftig. Die blauen gehören zu einer **Prunus**-Art. Die schwarze Kirsche ist bitter. Sehr gerbstoffhaltig. Puh! Die würden Sie freiwillig gar nicht essen wollen. Eine **Traubenkirsche**. Die Vögel sind schuld, dass sie hier steht. Wo sie ihren Toilettenplatz wählen, wächst alsbald ein neuer Beerenstrauch. Diese Frucht wurde in den Alpenregionen immer als Beimischung zu anderen Marmeladen genutzt. Beim Kochen verschwinden die Bitterstoffe und ein paar der herben Kirschen gaben der blassen Apfelmarmelade eine schöne Bordeaux-Farbe. Das können Sie allerdings auch mit den wohlerschmeckenden Holunderbeeren erreichen.

In Menge findet sich hier **Weißdorn**, dessen Beeren man in zwei Monaten sammeln könnte, um eine Herztinktur

Bild l.:
Eine Weidenröschenart mit kleinen Blüten, lecker!

Bild o.r.:
Daneben eine Weidenröschenart mit großen Blüten, das Rauhaarige Weidenröschen *(Epilobium hirsutum)*, ebenfalls mit leckeren Blättern und Blüten

Bild u.r.:
Teufelszwirn, auch genannt Nesselseide, ein Parasit! Ohne Blattgrün!

Juli – Tour 19 ∫ *215*

Rote Heckenkirsche, leider giftig

Traubenkirsche, mit ultra-herbem Geschmack

Die Küssenden am Ende des Trampelpfades

Die Zaunrübe, ich finde die Blüten wunderschön!

oder einen Herztee daraus herzustellen. Der wirkt blutdrucksenkend und herzmuskelkräftigend. Normalerweise erntet man dazu die Blüten. Für den Fall, dass Sie diese Zeit verpasst haben: Die Früchte tun es auch.

An den **Hasel**sträuchern sitzen schon weiße unreife Nüsse. Eine Feuerstelle deutet darauf hin, dass doch einige Menschen dieses ruhige Plätzchen kennen. Der Teich ist die Kinderstube für Blesshühner, Haubentaucher, Stockenten und Schwäne. Für die wächst hier die **Wasserlinse** auf der Wasseroberfläche: Eiweiß für die Vögel, das dann letztlich in ihren Eiern landet. Auf dem Wasser schwimmt die giftige **Teichmummel** mit Blättern, wie sie auch **Seerosen** haben, und kleinen gelben Blüten. Wer sie pflückt, wird von den Wassernixen in den Teich gezogen! Der Weg endet hier. Genau am Ende des Weges küssen sich zwei Bäume. Eine kleine Laube für Verliebte?

Nun gehen wir den Trampelpfad auf gleichem Weg wieder zurück. Hören Sie auch die Frösche und die vielen Vögel?

Sobald Sie wieder auf den asphaltierten Weg stoßen, steht links ein **Weißdorn**, in dem sich eine seltsame Pflanze hochwindet, mit korkenzieherartig verdrehten Rankenspitzen. Es ist die **Zaunrübe** *(Bryonia dioica)*, eine giftige und bei uns relativ selten anzutreffende wilde Pflanze aus der Familie der **Kürbis**gewächse. Ich liebe ihre kleinen weißen Blüten. Sie sehen so fein und filigran aus! Wenn Sie die Rankenspitzchen 5 Minuten lang mit einem spitzen Stift ärgern, winden sie sich um den Stift!

Nun folgen Sie dem Weg links, bis Sie von der anderen Seite einen Blick auf den Teich haben. **Giersch** für den Salat wächst hier in Hülle und Fülle. Ein **Wildkirsch**baum lädt mit gleichzeitigem Blick auf die Wasservögel zum Abernten ein. Wildkirschen probiere ich immer! Es gibt Sorten, deren Kirschen aus mehr Kern als Frucht bestehen, es gibt saure und herbe und köstliche. Dieser hier hat herrlich vollmundige saftig-süße Kirschen! Woran Sie erkennen können, dass Sie die Früchte essen können? Das Blatt

des Baumes hat dort, wo die Blattspreite in den Blattstiel übergeht, zwei kleine rötliche Knötchen. Diese Nektardrüsen macht der Baum extra für die Ameisen. Für Ameisen? Nicht für Bienen? Nein, ganz trickreich: Die Ameisen sind ihre „Polizei", die ihnen im Frühjahr die gefräßigen Raupen vom Hals (Blatt) hält. Zarte junge **Kirschbaum**blätter haben ein leichtes Bittermandelaroma. Probieren Sie mal. Da kann ich die Raupen schon verstehen! Wo aber Ameisen ihre Säure versprühen, bleiben Raupen aus Sicherheitsgründen fern. Zu gefährlich!

Bild o.:
Romantischer Teich mit …

Bild u.l.:
… Booten, daneben die …

Bild u.r.:
… Wasserminze

Direkt an der Uferböschung: Fruchtstände der Erzengelwurz links, schwertfömige Blätter der *Iris* rechts, in Gelb eine Sumpfkresse (*Rorippa* sp.)

Der Zugang zum Teich von dieser Seite lohnt noch einmal, um kurz an der **Wasserminze** zu schnuppern, die am Steg wächst. Von allen 15 **Minzen**, die ich im Garten habe, ist mir diese wild-aromatische die liebste! Sie ist eine der drei Sorten, aus deren Vermischung letztlich unsere Garten-Pfefferminze entstanden ist.

An dieser Stelle können Sie links den Rundweg weitergehen oder rechts einen Abstecher machen zu Haus Ove-

ney, um draußen zu essen oder Kaffee zu trinken. Von dort führt eine Straße bergauf zum Spielplatz, Minigolfplatz und einem großen Parkplatz.

Meine Tour führt nun weiter am See entlang zum großen Wehr. Am Uferrand sehen Sie von oben die **Erzengelwurz** direkt an der Wasserkante stehen. Am Weg blüht eine **Silberlinde**. Sie hat herzförmige Blätter, die von unten fast weiß sind. Gerade jetzt duften die Blüten betörend! Etwa 500 Meter vor der Brücke stehen auf der linken Seite zwei **Mirabellen**bäume, die schon ihre gelben Früchte überall auf dem Weg verteilt haben.

Ich weiß jetzt, warum keiner sie erntet. Sie sind etwas herb. Als Zumischung zu anderen Marmeladen sind sie aber durchaus zu empfehlen! Ich nehme mir welche mit. Nun gehen Sie entweder wieder zurück oder Sie folgen dem Rundweg am Wehr über die Brücke, dann links um den See oder nach rechts zum Wasserschloss Kemnade.

Bild u.l.: Silberlinde mit weißen Punkten der Gallmilbe Phytoptus eriophyes tetrastichus abnormis f. erinotes (NAL). Oder wollten Sie es nicht ganz so genau wissen?

Bild u.r.: Wilde Mirabellen am Wegrand

Dritte Etappe Tour 20

Vom Wasserschloss Kemnade bis Freizeitbad Heveney

ⓘ Parkplatz am Wasserschloss Haus Kemnade in Hattingen-Blankenstein, An der Kemnade 10. Von da vier Kilometer bis zum Freizeitbad Heveney (Witten) über ebene geteerte Wege

Das Wasserschloss ist ca. 500 Jahre alt. Es beherbergt heute eine Musikinstrumentensammlung, ein Museum und eine Gastronomie. Gehen Sie doch einmal um das Schloss herum. Hier können Sie den Blick auf die alten ehrwürdigen Bruchsteinmauern genießen, die sich im Wassergraben spiegeln. An zwei Seiten war das Schloss im Jahre 2014 noch von einer Kastanienallee eingerahmt. Eine Allee, die zum Durchgehen ist, nicht zum Durchfahren. Die Baumreihen stehen relativ nah aneinander. Ich schreite hindurch und fühle mich wie auf dem roten Teppich. Ich fühl mich gut, beschwingt, beschützt!

Von einigen **Kastanien** müssen wir uns allerdings wohl bald verabschieden. Von diesem Allee- und Parkbaum, dem Baum, den viele Mächtige um ihre Burgen und Adelssitze pflanzten, als Zeichen ihrer Macht. Von den Blättern wie große Hände, den Blütenständen wie Riesenkerzen, den Früchten (Kastanien), aus denen sich durch Zerstampfen oder Zerschneiden und anschließendes Kochen Waschlauge herstellen ließ. Von den nektarreichen, von Bienen geliebten Blüten, die als Hustentee so hervorragend sind. Von den Kastanienfrüchten, die immer schon beliebte Kinderspielzeuge waren.

Vielleicht können Sie heute zum letzten Mal dieses Schauspiel genießen. Leider war die Reihe der Kastanien

im Jahre 2014 schon etwas ausgedünnt und gerade jetzt im Juli sahen wir schon wieder überall die braunen Flecken auf den Blättern: die Spuren der Miniermotte, von denen eine Kastanie bis zu 50.000 beherbergen kann. Die Raupen der Motten leben in den Blättern, schlüpfen dann als Schmetterlinge und hinterlassen die uns bekannten, braun zusammengerollten, dann abfallenden Blätter, die der Kastanie im August schon ein herbstliches Aussehen geben. Meist erholen sich die Bäume davon wieder. Manchmal kommt noch ein Rostpilz hinzu, der das ganze Blatt braun werden lässt. Seit dem Jahre 2006 gibt es eine andere Bedrohung. Ein neues Bakterium, *Pseudomonas syringae* pv. *aesculi*, bedroht die Bäume, indem es ihre Wasserleitungssysteme zerstört. Erkennbar ist der Befall der Bäume an schwarzen Rissen in der Borke und daran, dass dort schaumiger und gelber Bakterienschleim austritt. Nach dem Befall welkt die Krone sehr schnell. Laut einer mündlichen Aussage von Herrn Mazurek, Baumkontrolleur bei der Stadt Witten, sind in Witten ALLE Bäume infiziert. Bernd Fischer, Dendrologe und Baum-Sachverständiger aus Wet-

Bild o.l.: Kastanienfrüchte, Blätter mit Miniermotten

Bild o.r.: Kastanienallee am alten Wasserschloss 2014

Bild o.l.:
Haselnüsse am Wegrand

Bild Mitte:
Weißer Hartriegel, nur für die Vögel

Bild o.r.:
Robinienblatt

ter, geht davon aus, dass in zehn Jahren ca. 65 Prozent der Kastanien verschwunden sein werden.

Ich hoffe, wir können hier am Wasserschloss noch lange die Kastanien genießen. Ohne sie blieben als einzige Bäume nur wenige alte **Eichen** vor dem Schlosseingang übrig.

Der Burggraben ist stellenweise so zugewachsen, dass man das Wasser nicht mehr sieht. Im Wasser wachsen **Binsen, Knötericharten, Iris, Rohrkolben** und **Wasserlinsen**.

Nun gehen wir Richtung Kemnader See. Auf den ersten Metern hinter dem Parkplatz sind rechts Sträucher gepflanzt, die jetzt schon weiße Beeren haben. Leider sind sie ungenießbar. Es ist der **Weiße Hartriegel** *(Cornus alba)*, der aus Russland kommt, der hier als Zierstrauch angepflanzt wurde. Mittlerweile ist er von einheimischen Sträuchern durchwuchert. Hier können bald **Holunderbeeren, Hasel**nüsse und **Weißdorn**beeren geerntet werden.

Dazwischen stehen vereinzelt **Robinien**. Ein Kursteilnehmer sagte einmal zu mir: „Der ganze Baum kommt mir in seinem Aussehen fremd vor. Das kann keine einheimische Art sein." Recht hat er. Die gefiederten Blätter ähneln denen von **Esche** und **Eberesche**, aber im Gegensatz dazu sind die Einzelblättchen rundlich und ganzrandig. Das wirkt auf uns exotisch.

Ich liebe seine knorrige Rinde! Und im April und Mai seine großen weißen Blütentrauben, deren Duft die Bienen anlockt und die wie **Holunder**blüten in Pfannkuchenteig ausgebacken werden können. Wenn man dran kommt! Und Vorsicht! Der Baum hat Stacheln.

Seine Rinde ist tödlich giftig für Pferde, Rinder, Hunde, Katzen, Hasen, Kaninchen und Vögel. Seine Früchte, die an Bohnen erinnern, sind ebenfalls giftig. Wie rohe Bohnen eben. Mit denen sind sie verwandt: Alle gehören zu den Schmetterlingsblütlern.

Im Juli können Sie hier vor der Strauchwildnis **Brennnessel**samen ernten. Es gibt weibliche und männliche Brennnesselpflanzen, die sich nicht über die Blätter unterscheiden lassen, aber über die Blüten. Die weiblichen haben nun hängende Fruchtstände mit kleinen dreieckigen grünen, ca. einen halben Millimeter großen Nüsslein. Diese schmecken wie Nüsse! Lecker! Man kann die Rispen abpflücken, zu Hause ausgebreitet trocknen, dann nach zwei Wochen durch ein Sieb streichen und die herausfallenden kleinen Samen in einem Glas aufbewahren und als Nahrungsergänzungsmittel über Müsli oder Suppe streuen. Eine herrliche Eisenquelle, außerdem reich an Vitamin A und C und Calcium.

Sollten Sie sich an den Brennhaaren verbrannt haben, versuchen Sie, mit zerkauten **Wegerich**blättern, die Sie leicht auflegen, den Juckreiz zu lindern. Oder freuen Sie sich über die gute Durchblutung der Hautstelle: Sie wirkt entgiftend und hat bei meiner Freundin Henny das jahrelang vorhandene Rheuma in den Fingern beseitigt.

Wegen langer Rede sind wir immer noch nicht weiter als 300 Meter vom Wasserschloss entfernt. Nun fällt Ihr Blick vielleicht links auf die Wiese des Wassergewinnungsgeländes und möglicherweise grast dort gerade eine Schafherde. Rechts könnten Ihnen die großen Ulmen auffallen. Eine alte Allee von gepflanzten **Ulmen** begleitet den Weg. Ich freue mich immer sehr, wenn ich welche sehe,

An der breitesten Stelle des Sees, gegenüber steht das Bootshaus Gibraltar

denn sie sind seit dem „Ulmensterben" durch **Schlauchpilze** und **Ulmensplintkäfer** bei uns selten geworden. Ihre Blätter sind da, wo die Blattspreite in den Stiel übergeht, unsymmetrisch! Und sie sind ganz rau!

Nun gehen wir erst einmal beherzt weiter. An der ersten Weggabelung führt geradeaus der Radweg weiter, links führt ein Abzweig zum See, wo eine Brücke über das Wehr Richtung Stiepel geht. Die nehmen wir nicht. Wir nehmen den anderen Weg am Wasser entlang, kommen an einem Kiosk vorbei, wo es Eis und Getränke gibt, und genießen bald den weiten Blick über den ganzen See. Von rechts hören Sie die Autobahn, von links Möwen und Gänsegeschnatter.

Die Grünflächen sind mit lockeren Baum-Grüppchen bestanden, ein wenig wie in einem Landschaftspark. Hier stehen am gesamten Ufer **Bergahorn-** und **Spitzahorn**bäume, **Eschen, Hainbuchen** und **Weiden**, in Ufernähe

Die herrlichen Ebereschenbeeren. Dahinter sieht man, wie „sauber" der See ist

auch **Schwarzerlen**. Das sind die, mit deren Mini-Zapfen man schön basteln kann.

Jetzt sind wir an der breitesten Stelle des Sees. Circa 400 Meter breit ist er an der Stelle, wo auf der anderen Seeseite das Bootshaus Gibraltar steht.

Die Wiesen und Wegränder hier beherbergen Salatkräuter, zum Beispiel den **Wiesen-Bärenklau**, die einheimische Verwandte der **Herkulesstaude**, von dem alles essbar ist. Die Samen sind mir zu würzig, einige meiner Teilnehmer lieben aber ihr Aroma. Ich meine, sie machen auf jeden Fall wach! Bei einer Tour haben wir mangels anderer Kräuter (die anderen Wiesen waren alle gemäht) einen Salat fast nur aus **Bärenklau**-Blättern gemacht. Sehr klein geschnitten auch nicht zu verachten. Auch die Blüten schmecken. Ob es bei den Teilnehmern zu einer romantischen Liebesnacht geführt hat, habe ich nicht zu fragen gewagt. Nach Messegué macht man einen Liebestrank

Bild o.l.: Schafgarbe in Rosa

Bild Mitte: Luftwurzeln des Drüsigen Springkrautes. Schön!

Bild o.r.: Blick in den verwunschenen Altarm

nach folgendem Rezept: Getrocknete Pflanzen von **Bärenklau** (45 g) und **Bohnenkraut** (45 g) und **Schöllkraut** (10 g), alles sehr fein geschnitten. Von dieser Mischung nimmt man einen Teelöffel, gießt mit 0,25 Liter kochendem Wasser auf und lässt fünf Minuten ziehen.

Der auf den Wiesen gemähte Rasenschnitt könnte fast komplett als Salat verspeist werden: **Spitz-** und **Breitwegerich**, **Gänseblümchen**, **Löwenzahn**, **Hornkraut** und **Weißklee**. Nur den **Kriechenden Hahnenfuß**, die sogenannte Butterblume, darf man nicht essen. Die ist in frischem Zustand giftig.

Nach circa einem Kilometer in Begleitung von **Linden** und **Ebereschen**, die schon ihre roten Vogelbeeren tragen, kommen Sie links an einen Wasser-Sackgassenarm des Sees. Umgeben von Sträuchern und Bäumen, erlaubt er Einblicke in eine Art Urwald am Wasser, die für Vögel geschaffen wurde. Es gibt keinen direkten Zugang.

Am Wegrand blüht rosafarbene **Schafgarbe**! Im wilden Dickicht hat das **Drüsige Springkraut** eine Überraschung für uns: Selbst die Luftwurzeln sind eine pinkfarbene Schönheit!

Der nächste Orientierungspunkt ist der Kiosk mit Bänken an einem Spielplatz. Wenn Sie hier einen kurzen Abzweig die schräge Rampe hinauf machen, gelangen Sie zu einer Fußgängerbrücke über die A 43. Direkt dahinter links im Wäldchen ist eine seltsame Baumgestalt.

Seltsames links hinter der A 43-Brücke

Dahinter kann man Richtung Herbede weitergehen oder sich rechts auf der Wiese umschauen. Warum stehen die kleinen Bäume dort in Reih und Glied? Es ist eine alte **Obstbaum**plantage, wohl ursprünglich als Versuchsfeld angelegt. Unter anderem stehen hier **Kirsch-** und **Apfelbäume**. Die Äpfel hängen nur spärlich. Dafür dürfen sie öffentlich abgeerntet werden.

Wir gehen zurück zum See und kommen links an einen weiteren verwunschenen Seitenarm. Wenn der Weg nun ganz leicht ansteigt, sollten Sie links unbedingt den Geheimdurchgang im Gebüsch durchschreiten! Er gibt hinter der Wildnis den Blick frei auf Leuchtturm und Vogelinsel. Ein Geheimplatz! Mit einem großen Stein, auf dem sich bequem sitzen lässt, einem umgefallenen **Weiden**baum zum Klettern, einer wunderschönen Aussicht auf Gänse, Enten, Schwäne, Möwen und Blesshühner, auf **Wasserdost** in Rosa am Ufer, schwertförmige **Iris**blätter und einzelne noch weiß blühende, duftende **Mädesüß**pflanzen.

Zurück auf dem Weg mit einem winzigen Anstieg und leichtem Abstieg (immer die Katastrophe für Inliner-Neulinge) erwarten uns die verblühten **Herkulesstauden**. Ich finde sie auch jetzt noch schön.

Hier muss man entscheiden, wie lange man noch Lust hat, weiterzuwandern. Die kurze Variante geht über die Brücke weiter, die direkt an der Autobahn verläuft. Die

Bild o.l.: Geheimplatz mit Blick auf Vogelmassen

Bild Mitte: Wasserdost in voller Blüte, in ein paar Wochen: nur noch grau

Bild o.r.: Verblühte Herkulesstauden

Leuchtturm

Gänsefingerkraut:
Die Blätter sind
unterseits weiß
behaart, Kraut
gegen Krämpfe

Rohrkolben mit
lila blühendem
Sumpfziest

längere führt von hier am Wasser entlang, Richtung Herbede, wo man auf der anderen Flussseite die Hundewiese sieht. Dann überquert man die Ruhr an der Fußgängerbrücke an der alten Firma Lohmann. Diese Variante ist zwei Kilometer länger.

Wir gehen weiter über die Autobahnbrücke bis zum zweiten Abstieg. Nun geht es links weiter, zu einem kleinen Umweg Richtung Leuchtturm. Hier stehen Bänke, von denen aus sich der gesamte See überblicken lässt und sich mit einem Fernglas die Vogelmassen beobachten lassen.

Auf dem Weg dahin ist mir ein kleines Monokulturfeld von **Gänsefingerkraut** *(Potentilla anserina)* aufgefallen, direkt neben dem weißen Weg, der auf die Landzunge führt. Natürlich muss das hier wachsen! Bei den vielen Gänsen. Es liebt die Gänsefüße bzw. den „Gänsedünger". Und die Gänse verspeisen es mit Vorliebe. Ich auch. Sowohl die Blüten wie die Blätter schmecken im Salat.

Die Blätter sind auf der Unterseite weiß! Das machen sie extra, denn durch die weiße Haarschicht können sie die Verdunstung bei starker Hitze reduzieren. Sie klappen dann einfach die Blattunterseiten nach oben, und die weiße Oberfläche reflektiert das Sonnenlicht. Das getrocknete Kraut ist übrigens DAS Anti-Krampfkraut und sollte in keiner Hausapotheke fehlen. Der Tee daraus hilft innerlich gegen Magen- und Darmkrämpfe, auch gegen Menstruationskrämpfe und bei leichten Durchfällen.

Zurück auf den Rundweg Richtung Freizeitbad, von dem schon der Turm mit der Wasserrutsche zu sehen ist, fällt unser Blick nun auf den gegenüberliegenden Boothafen Heveney. Am diesseitigen Ufer ist eine neu gepflasterte Bootsanlegestelle für die MS Kemnade entstanden. Hier sollten Sie unbedingt einmal bis zur Wasserkante gehen: Ein Paradies für Botaniker!

Ein kleines **Rohrkolben**feld fällt sofort auf. Diese Pflanzen sind bei uns nicht so häufig, also ernten Sie hier besser nicht. Aus Ihrem Gartenteich sollten Sie allerdings ein-

Bild o.l.: Sumpfkresse am Ufer, die Blättchen schmecken nach Senf

Bild o.r.: Beinwell mit weißen Blüten

mal eine probieren: Wenn man eine einzelne Pflanze herauszieht und deren Basis wie Porree etwas abschält, kann man das Innere des saftigen Stängels verspeisen. Zwischen den einzelnen wie beim Porree angeordneten Blättern befindet sich eine gelartige Flüssigkeit, die früher wie *Aloe Vera* zur Wundbehandlung genutzt wurde! Woher ich das weiß? Unter anderem aus Büchern, die über das Überleben in der Wildnis berichten. Der Rohrkolben also? Eine Apotheke, ein Gemüse und eine botanische Kuriosität! Eine Show macht der Rohrkolben daraus, wenn er seine Samen verstreut: Der noch braune Kolben wird durch Berührung oder den Wind innerhalb von Sekunden zu seiner zehnfachen Größe aufgebläht und ist fortan weiß: Tausende flauschige Schirmchen mit den Samen dran quellen aus der braunen Masse!

Dazwischen steht in Mengen der **Sumpfziest** (kleine hell-rosa Blüten), daneben die großen Blüten des **Drüsigen Springkraut**es in kräftigem Pink, einzeln dazwischen verblühte **Erzengelwurz** mit ihren großen runden braunen Samenständen, allerdings wie immer direkt an der Wasserkante! Da man sie hier nicht ernten sollte, weil sie doch so eine seltene Besonderheit ist, könnte man ja versuchen, sie aus Samen zu ziehen. Nehmen Sie doch ein paar mit. Aber Achtung! Sie keimen nur, wenn man sie

jetzt aussät! Erkennbar ist die Pflanze an den runden Köpfchen und, wenn noch vorhanden, den Riesen-Blättern, die denen des **Giersch**s ähneln. Ich habe letztes Jahr mindestens 1000 Samen ausgesät. Etwa 200 Keimlinge kamen dabei raus. Nur drei haben überlebt (Wühlmäuse und Schnecken im Verdacht …)

Als Ur-Tinktur aus den Blattstielen ist der Schatz ein Stimmungsaufheller (auch für Mäuse im dunklen Untergrund?) und Gold für den Verdauungstrakt, außerdem antibiotisch wirksam! Und im eigenen Garten mit drei Metern Höhe ein Hingucker und Liebling.

Und in Blau (wie selten es bei uns wilde blaue Blüten gibt. Ist Ihnen das auch schon aufgefallen?) dazwischen kleine Sternchen: das **Sumpf-Vergissmeinnicht**. Letzteres darf mit Blatt und Blüten in den Salat. Einige **Wilde Möhren** mit weißen Blüten runden das bunte Bild ab. Auf der Wiese davor in Mengen der **Sauerampfer**! Endlich einmal. Ein paar Blättchen zum Erfrischen im Sommer schmecken herrlich. Oder als Essig-Ersatz im Salat.

Am Ufer stehen auch ein paar Sträucher mit weiß bereiften Blättern. Mehltau? Eine Krankheit? Nein! Die **Silberpappel**. Als Jüngling sozusagen. Noch nicht zum

Braune Samen an der Erzengelwurz, daneben weiße Blütenstände vom Bärenklau

Kräutertour de Ruhr

Baume gereift. Entweder mit **Pappel**samen hierher geflogen (die sind ja wolleweich und werden vom Wind in die Welt getrieben) oder über Stockausschläge einer alten Pappel, die hier vielleicht einmal stand. Pappeln vermehren sich oft flächendeckend über unterirdische Ausläufer. So gehört ein riesiges Gebüsch oft nur zu einem einzigen Baum. Die Blätter sind so weiß bereift, dass sie manchmal richtig künstlich aussehen. Oder künstlerisch?

Am Ufer steht ein großer **Japanischer Staudenknöterich**. Daraus können Sie sich noch schnell eine Flöte schneiden, die Sie dann gleich der Kellnerin schenken: Im Café Möwennest können Sie sich nun erfrischen, mit Blick auf bunte Blumenbeete voller **Rosen** in Weiß, Rosa, Rot oder Gelb, **Anemonen, Hortensien** und **Heidekraut**.

Bild o.l.:
Silberpappel ...

Bild o.r.:
... mit unterseits weißen Blättern

Bild u.l.:
Japanischer Staudenknöterich

Bild u.r.:
Flöte aus Knöterich

Tour 21

Bochum-Stiepel: Kornelkirschen, ein Dino und küssende Pappeln

ⓘ Parkplatz an der Gräfin-Imma-Straße/Ecke Brockhauser Straße. Rund um Kirche und Teich, dann zur Ruhr und dort entlang. Einkehrmöglichkeit am Ruhrradweg im Lokal „Zur alten Fähre", Zur alten Fähre 4, mit Ruhr- und Burgblick.

Am großen Parkplatz an der Gräfin-Imma Straße sind zehn **Kornelkirschen-Sträucher** gepflanzt, die man im August abernten kann. Im Juli müssen Sie die Beeren noch suchen. Sie sind so grün wie die Blätter. Im August werden sie zunächst rosa, dann hellrot. Richtig reif und genießbar sind sie erst, wenn sie dunkelrot sind, sich ein wenig weich anfühlen und mehr nach Zucker als nach Gerbsäure schmecken. Ich bin beim Verarbeiten ja immer für die einfache Version und die geht so: Nicht die Kerne einzeln per Hand herausschälen, zu dieser mühsamen Arbeit haben Sie nämlich vielleicht nach kurzer Zeit keine Lust mehr. Ich koche die Beeren in etwas Wasser ca. 30 Minuten und streiche sie dann durch ein Metallsieb. Die Kerne bleiben drin, der Saft lässt sich dann zu Konfitüre weiter verarbeiten. Beeren einer verwandten Art werden in China als Liebesbeere gehandelt. Bei der Farbe wundert mich das nicht. Leider ist die Ernte von Jahr zu Jahr unterschiedlich. Als ich 2014 wieder zum Ernten kommen wollte, war nur die Hälfte der Menge vom Vorjahr dran. Ein paar zum Naschen sind immer da.

Gehen Sie die Gräfin-Imma-Straße nun am Waldrand entlang, das heißt vom großen Parkplatz an der Kirche gesehen hinter der Kornelkirschenreihe entlang. Zunächst

geht die Straße etwas abwärts, dann bergauf. Dort finden sich am linken Straßenrand allerlei Salatkräuter, **Waldziest, Nelkenwurz** und auch noch einige weitere **Kornelkirschen**-Sträucher. Noch 50 Meter weiter treffen Sie links auf drei uralte **Maronen**bäume, die alle paar Jahre reich tragen. Schräg gegenüber der Maronenreihe auf der anderen Straßenseite ein Stück höher steht eine im Frühling rot blühende **Kastanie**, die bald Früchte trägt. Diese sind kleiner, feiner und rötlicher gefärbt als bei der „normalen" weiß blühenden **Rosskastanie**. Und man muss die Früchte regelrecht suchen, es sind nämlich immer nur ein paar.

An genau dieser Stelle lohnt links hinunter ein kleiner Rundgang um den hübschen, verwunschenen, zugewachsenen Teich, der übrigens im Sommer ein Treffpunkt für FKK-Freunde ist. Wundern Sie sich also nicht, wenn Sie als „angezogener" Hobbybotaniker dort seltsam angesehen werden.

Bild l.:
England-feeling vor der alten Dorfkirche

Bild o.r.:
Maronen

Bild u.r.:
Auf der linken Seite (vom Kircheneingang aus gesehen) stehen drei Felsenbirnen-Sträucher, deren rote, wie Beeren aussehende Früchte man im Juni naschen kann

Hier gedeihen in üppigster Form Salatkräuter. Von der Marone aus runter zum Teich schauen Sie einmal auf die Böschung am rechten Straßenrand. Ich habe noch nie so große **Giersch-**, **Löwenzahn-** oder **Wiesen-Bärenklau**blätter gesehen wie hier. Dazwischen wächst endlich einmal der **Ackerschachtelhalm**. Ein Kraut, dessen Tee als 3-Minuten-Tee die Nieren anregt und bei Blasenentzündung hilft und als 20-Minuten-Abkochung für Haut, Haare und Nägel Silicium liefert. So ein Schätzchen!

Die Wiese für die FKKler ist übrigens voll üppigster **Brennnesseln**. Diese zeigen ja immer eine besonders gute Stickstoffdüngung an. Ich habe den Bauern im Verdacht, der oberhalb sein Feld besonders gut gedüngt oder mit Gülle versorgt hat. Ob die Gülle auch im Teich landet?

Unten am Teichende folgen Sie dem schmalen, feuchten Waldpfad, um den Teich zu umrunden. Am tiefsten Punkt sieht es einfach romantisch aus: Ein stilles Gewässer in einem schönen Wald. Die Zweige hängen extra theatralisch schön über dem Wasser und wollen genau so fotografiert werden. Dort wächst in großer Menge **Gundermann** (macht ja hellsichtig, hier ist genug, es zu testen, indem Sie sich einen Kranz um den Kopf winden) und **Gänsefingerkraut**, falls Sie gerade ein Teekraut gegen Krämpfe brauchen oder einfach eine Bereicherung für den Salat. Nein, keine Gänse weit und breit. Eigentlich seltsam.

Nun gehen Sie durch das kleine Wäldchen mit **Feldahorn** und **Hainbuchen** zurück zur Kirche. Die Kirche lohnt schon wegen ihrer Schönheit einen genaueren Blick. Das 1000 Jahre alte Schätzchen ist vor einigen Jahren mit Millionenaufwand saniert worden und ist auch von innen ein Schmuckstück. Zu ihrem 1000-jährigen Geburtstag kam sie sogar auf eine Briefmarke. Von 14 bis 18 Uhr kann man hinein und bekommt, wenn man möchte, eine kleine Kirchenführung.

Wenn Sie auf den Haupteingang der Kirche schauen und dann links herum gehen, stoßen Sie auf drei **Felsenbir-**

nen-Sträucher. Ende Juni 2014 haben wir hier mit einer Kräutertour die kleinen beerenartigen Früchte genascht. Die Stiepeler Bürger scheinen nicht zu wissen, wie herrlich süß und lecker die Beeren sind. Vielleicht wollten sie aber auch den Vögeln etwas gönnen.

Die Vögel könnten aber genauso die **Eibenbeeren** essen. Der Haupteingang zum Hauptfriedhof ist hier von einem alten Eibengebüsch geschützt. **Eiben** waren schon immer magische Schutzbäume, die alles Böse fern hielten. Traditionell wurden sie um Friedhöfe gepflanzt, um den Toten eine ungestörte Ruhe zu gönnen. Dieser Besondere unter den Nadelbäumen lohnt unbedingt einen Blick. Er ist daran zu erkennen, dass seine dunkelgrünen Nadeln in einer relativ parallelen Reihe stehen und nicht um den ganzen Stiel herum verteilt sind wie bei **Tanne** oder **Fichte**. Gerade jetzt trägt er die roten Früchte, deren äußere Hüllen man essen kann. Sie schmecken wie Marmelade. Und kleben. Den Kern müssen Sie unbedingt ausspucken und dürfen ihn nicht zerbeißen! Außer dem roten Fruchtring ist alles an der **Eibe** giftig! Die Eibe hat als einziger Nadelbaum keine Zapfen, ist als einziger Nadelbaum giftig und wird von allen Bäumen am ältesten. Ich schaue jeder Eibe, die mir begegnet, auf den Stamm. Sie sind oft so schön, dass ich sie am liebsten in schwarz-weiß zeichnen würde. Wenn ich nun aber nicht nur bei jedem Kraut zum Kosten, sondern noch bei jedem Baum zum Zeichnen stehen bleiben würde, käme ich wohl nie mehr nach Hause …

Nun geht es weiter bergab über die schmale Straße „An der alten Fähre" Richtung Ruhr. Hier steht auch das Schild zum Lokal „Alte Fähre". Dort begegnen einem direkt an der Straße, an der die Autos herfahren, links urige ineinander gewachsene Sträucher am Straßenrand. Wenn die im Winter kein Laub haben, lohnt ein intensiverer Blick: Hier windet es sich und wächst zusammen, es wird geküsst und umschlungen, dass es eine Freude ist! Wir gehen jedoch nicht direkt auf der Autostraße weiter, sondern den schmalen, parallel verlaufenden Fußweg runter, der von der Straße durch einen Rasenstreifen getrennt ist.

Auf dem Fußweg stehen rechts, genau da, bevor der zweite Fußweg rechts in den Wald führt, zwei **Graupappeln** *(Populus* x *canescens).* Betrachten Sie einmal die Blattstiele. Sie sind hochkant plattgedrückt. Nicht wie andere Blattstiele, die rund sind! Das ist der Grund, warum sie so laut rascheln bzw. plappern (Pappel), denn der Wind fegt von der Seite dagegen. Der Name „*Populus*" für **Pappel** kommt von „Volk" und das plappert scheinbar.

Der Weg bis zur Alten Fähre ist am linken Wegrand gesäumt mit **Giersch, Hohlzahn** und **Bärenklau.** Rechts finden sich **Hopfen**ranken. Dort, wo es den schmalen Weg zur Alten Fähre reingeht, ist rechts ein Feld mit **Herkulesstauden** hinter dem Zaun. Hier können Sie diese in ihrer ganzen Pracht einmal bewundern, aber Sie wissen ja: Anfassen verboten, sonst drohen in Verbindung mit Sonnenlicht Verbrennungen. Im Sommer weidet hier manchmal eine Schafherde. Die finden die Herkulesstauden unwiderstehlich, besonders die Blüten.

Hinter dem Herkulesstaudenfeld in Richtung Ruhr ist eine Feuchtwiese voller **Mädesüß.** Eine elfenbeinfarbene Flut mit Weichzeichner-Effekt, für Aspirin-Tinktur-Liebhaber. Warum Weichzeichner? Weil die vielen Staubblätter in den hellen, unregelmäßig angeordneten Blütenbüscheln einfach immer unscharf wirken, so herrlich schön. Das „Feld" ist in Wahrheit ein Sumpf! Genau das liebt unser „Mädchen": nasse Füße. Immer wieder habe ich versucht, es in meinem Garten anzusiedeln. Geklappt hat es erst, seit es in einer Wanne ohne Abfluss steht und immer feucht ist. Ich sammle mir die Blüten, trockne sie und fülle sie in ein Duftkissen zum Einschlafen. Zusätzlich kommen in das Kissen Hopfendolden, die man im September ernten kann, und **Lavendel**blüten aus meinem Garten.

Direkt vor dem Lokal-Eingang „Alte Fähre" an der Böschung wächst reichlich rosafarben blühendes **Seifenkraut.**

Bild o.l.:
Schönheit im Herbst ...

Bild o.r.:
... und bei Sonnenaufgang

Aus Seifenkraut kann man Shampoo herstellen. Es duftet lieblich! An dieser Stelle steht eine gefüllte Ziersorte. Auch die taugt für Shampoo. Man kocht die Wurzeln mit Wasser auf. Aber bitte nicht hier ernten! Es sieht so schön aus und ist ein privates Zierbeet! Machen Sie nur einmal den Test. Sammeln Sie sich ein paar Blüten, geben Sie sie mit etwas Wasser in ein winziges Marmeladenglas und schütteln Sie kräftig: Es entsteht Schaum wie bei Ihrem Spülmittel! Und nun riechen Sie mal: Der Schaum duftet wie Parfüm. Damit haben sich unsere Vorfahren früher gewaschen. Es wächst normalerweise wirklich am Wasser. Sehr praktisch. Sie könnten sich hier am Ruhrufer im August und September ein paar Seifenkrautsamen sammeln und im Garten oder Blumentopf aussäen. Dann hätten Sie immer ein Shampoo oder ein Waschmittel für schlechte Zeiten parat.

Zwischen den gefüllten Seifenkrautblüten rankt die **Fünfblättrige Jungfernrebe** *(Parthenocissus quinquefolia).* Die kennen Sie vielleicht als Herbstschönheit an Hausfassaden, wenn ihre Blätter sich in ein leuchtendes Rot umfärben. Die Blätter sind von April bis Juli essbar. Sie schmecken ganz leicht sauer. Zu meinen Gourmet-Speisen gehören sie allerdings nicht. Außerdem rankt hier ein Stück weiter Richtung Wasser links die bei uns seltene, giftige **Zaunrübe** mit weißen Blüten. Ihre Mini-Ränkchen ranken sich von alleine innerhalb von fünf Minuten um einen Bleistift, wenn man sie damit ärgert!

Am Ruhrufer mit Blick auf Burg Blankenstein gibt es eine solche Artenfülle, dass ich hier nicht alles aufzählen kann. Der größere **Ahorn**-Baum, der direkt zwischen dem Biergarten der Alten Fähre und der Ruhr auf der Wiese steht, küsst sich selbst. Und zwar mehr als einmal. Zählen Sie doch mal, wie oft. Zwischen den dicken zusammengewachsenen Ästen entstehen sogenannte „Elfenaugen". Durch diese reichte man sich früher die Hand zur Hochzeit. Wenn die Löcher groß genug waren, wurden auch die Babys hindurch gereicht. Das sollte Glück bringen.

Gehen Sie doch einmal auf dem alten Leinpfad ruhrabwärts (also rechts die Ruhr runter). Dann begegnet Ihnen nach ca. 500 Metern links direkt am Ufer eine mehrstämmige **Zitterpappel**, der einzige Baum auf der linken Seite, also nicht zu verfehlen. Die Stämme küssen sich breitmaulartig und bilden damit ebenfalls ein Elfenauge. Dieses Fenster, gebildet zwischen zwei zusammengewachsenen Stämmen, lohnt unbedingt einen intensiveren Blick. Wenn Sie sich bücken und mitten hindurch auf das gegenüberliegende Ufer schauen, blicken Sie auf einen Kirchturm. Drehen Sie sich nun um 180 Grad. Jetzt schauen Sie auf einen anderen Kirchturm, die Stiepeler Dorfkirche. Die **Pappel** steht also genau dazwischen, küssend. Was soll das bedeuten? Mysteriöse Sache.

Im Lokal Alte Fähre können Sie sich zunächst von der Artenfülle erholen. Hier wandert der Blick hoch zu den seltsam beschnittenen **Platanen** im Biergarten. Finden Sie die, die in ihren verwachsenen Ästen eine perfekte Acht formt? Nun, für eine Platane eine perfekte Acht …

Ein paar Pflanzen, die ruhrabwärts am Ufer wachsen
» **Wiesen-Bärenklau** (*Heracleum sphondylium*) als Anti-Aging-Kraut, **Pastinak** (*Pastinaca sativa*) mit zarten essbaren Wurzeln und würzigen Blättchen für die Kräu-

Gilbweiderich-Blüten: traumhafte Salatdeko

Sumpf-Schafgarbe, eine selten gewordene Schönheit

terbutter, ein gelber Doldenblütler, die **Kleine Klette** *(Arctium minus)* mit Wurzeln, die für Haaröl gegen Haarausfall benutzt werden können, essbar sind und aus denen man Öl herstellen kann, welches gegen langwierige Hautleiden hilft, **Zottiges Weidenröschen** *(Epilobium hirsutum)*, als Tee gegen Prostata- und Blasenleiden, mit Blättern und Blüten für Salat, das größte und schönste von allen **Weidenröschen**-Arten. In Rosa leuchtet der Migrant aus Asien, das **Drüsige Springkraut** *(Impatiens glandulifera)* mit leckeren Samen. Außerdem findet sich hier **Sumpf-Schafgarbe** *(Achillea ptarmica)*, die ich bei uns nur sehr selten sehe, mit größeren Blüten als bei der „Normal-" Schafgarbe, eine Schönheit! Falls Sie diese sehen sollten: Lassen Sie sie unbedingt stehen. Sie ist bei uns mittlerweile sehr selten geworden. Als ich als Kind in meiner Heimat, in Wetter, im Elbschebachtal unterwegs war, gab es dort in Mengen noch die Sumpf-Schafgarbe. Sie gehörte zu meinen Lieblingen. Der zwergenhafte und doch an Omas weiße Spitzendeckchen erinnernde Blütenstand, der Duft der Blätter! Heute freu ich mich immer riesig, wenn ich überhaupt noch einmal eine sehe.

» Daneben wachsen die **Wiesen-Schafgabe** *(Achillea millefolium)*, deren Blättchen sich als spontanes Blutstillkraut eignen, wenn man sich im Gelände verletzt hat, die giftige **Sumpf-Schwertlilie** *(Iris pseudacorus)*, deren große Blätter wie Schwerter aussehen (giftig), vereinzelt der **Kalmus** *(Acorus calamus)*, der ähnlich schwertartige, aber am Rand wellige Blätter hat, die zerrieben würzig riechen, mit einem Blütenstands-Kolben, der seitlich aus den Blättern herausragt, der **Stinkende Storchschnabel** *(Geranium robertianum)*, der Spontanhelfer gegen Herpes (Blattsaft einfach pur drauf, wirkt viruzid), die **Pestwurz** *(Petasites hybridus)*, deren Riesenblätter hervorragend als Sonnen- oder Regenhut zu gebrauchen sind, **Gilbweiderich** *(Lysimachia vulgaris)* mit herrlich gelben Blüten für die Salat-Deko, **Wiesen-Labkraut** *(Galium mollugo)*, ein neutral schmeckendes Salat-Kraut, **Zweizahn**-Arten *(Bidens sp.)* mit den seltsamen dreiteiligen Blättern (nicht essbar), **Baldrian** *(Valeriana officinalis)* mit dem grässlichen Blütenduft (finde ich), **Mädesüß** *(Filipendula ulmaria)* als Aspirinkraut, **Beifuß** *(Artemisia vulgaris)* als Räucherkraut gegen Mücken und böse Geister, **Rainfarn** *(Tanacetum vulgare)* mit gelben Blüten-Knöpfchen, die nach Zitrone riechen und früher zur Entwurmung des Viehs mit verfüttert wurden.

Nun können Sie einmal von der Alten Fähre aus gesehen links die Ruhr hoch wandern, also flussaufwärts, aber nicht am Wasser, sondern an der felsigen Steilwand entlang, etwas vom Wasser entfernt. Auf dem kleinen Pfad unterhalb der Steinwand kommen Sie nach 50 Metern an eine frische Steinbruchkante. Hier wurde im Jahr 2013 ein historischer Fund gesichtet: ein 316 Millionen Jahre alter Fußabdruck von einem Saurier. Welch ein verzauberter Ort!

Wenn Sie den Weg an der Steinbruchkante weitergehen, begegnen Ihnen am Hang links knorrige **Hainbuchen**

Stiepel-Paradies!

(immer wieder diese mit den individuellen, fast menschlich anmutenden Gestalten!), auf dem weiteren Weg, wo das Wäldchen in Wiese übergeht, rechts eine **Kornelkirsche**, links eine **Brombeer**flut, auf dem weiteren Weg noch **Eiben**. Sie wissen ja schon: Die Beerenhüllen sind essbar, aber nur, wenn Sie verbindlich die Kerne ausspucken. Falls die Vögel uns überhaupt welche übrig gelassen haben ...

Wenn Sie den anderen Pfad wählen, also von der Alten Fähre aus die Ruhr aufwärts den mit Bruchsteinen gepflasterten Leinpfad, der parallel direkt neben dem Radweg verläuft, in Richtung Kemnader See, können Sie bei genauem Hinsehen einen Strauch mit **Roten Johannisbeeren** direkt am Ufer finden.

Die Buhnen, die mit ihren großen Steinen ins Wasser ragen, lohnen einen Besuch: Dort gibt es herrliche Blicke auf den Fluss, alte **Weiden**, unter denen man ausruhen

Direkt am Ruhrufer zum Naschen! Johannisbeeren

kann, hübsche gelb blühende **Gilbweideriche** *(Lysimachia punctata* und *Lysimachia vulgaris)* und im Herbst gelb blühenden **Topinambur**. Besonders liebe ich die beiden alten mehrstämmigen **Weiden**, die am Rand des Radweges im Jahre 2014 noch standen. Die eine hat beim Sturm im Juni einen dicken Ast eingebüßt. Aber immer noch markieren sie eine der schönsten Stellen an der Ruhr, am Eingang zu den verwunschenen Buhnen. In ihrer Nähe befindet sich ein riesiges Topinamburfeld.

Irgendwann ist hier einmal eine Topinamburknolle aus einem Komposthaufen gelandet, mit einer der vielen Überschwemmungen. Überschwemmungen sind hier übrigens ein Spektakel: Im Januar vor einigen Jahren war ich hier und konnte nur direkt an der Steinwand (am alten Dino) noch stehen. Der Rest war ein einziger See!

Der Topinambur breitet sich da, wo er einmal ankommt, einfach aus. Er ist winterhart und ein immer nachwachsendes wartungsarmes Dauergemüse. Hier ist also die Kalorienquelle, sollten mal im Winter in Stiepel die Lebensmittel-Lieferungen ausfallen. Da die Knolle aus Inulin besteht, einer Polyfructose, bekommen allerdings viele Menschen Blähungen davon. Empfohlen wird sie immer für Diabetiker. Die Größe der Knollen aus dem Lebensmittelladen dürfen Sie hier nicht erwarten. Eher kleine zarte längliche Würzelchen, die roh im Müsli gut schmecken. Allerdings erreichen sie ihre maximale Größe erst im Oktober nach der Blüte.

Zwei „Elfenaugen" an der Platane im Biergarten der Alten Fähre

Von hier aus gibt es einige Möglichkeiten, weiter zu wandern. Entweder gehen Sie denselben Weg zurück. Oder Sie gehen den Leinpfad weiter ruhraufwärts. Dann erreichen Sie nach ca. 1,5 Kilometern den Kemnader See. Hier können Sie Teile der Tour 19 anschließen.

Oder Sie wandern links am See entlang nur bis zu Haus Oveney, dann dort links die Straße rauf, am Spielplatz und Parkplatz vorbei, auf der Straße bis zu einer Kreuzung. Am Straßenrand lassen sich hier noch Salatkräuter naschen.

Küssende Zitterpappel

Herrlichst frische **Brennnesseln** (für die Eisen- und Calciumversorgung in den Smoothie geben), wunderbar zarte **Gefleckte** und **Weiße Taubnesseln**, leckerer **Giersch** …

Wenn Sie die nächste Kreuzung überqueren, stehen Sie nach weiteren ca. 700 Metern wieder vor der Dorfkirche.

Noch ein Wort zu der großen Artenzahl am Wasser: Die Anzahl der Pflanzen, die der Bochumer Botanische Verein bei einer Kanutour an der Ruhr gefunden hat, geht in die Hunderte. Aber Achtung: Viele davon stehen direkt an der Wasserkante. Wenn Sie die alle finden möchten, schauen Sie also vom Kanu aus oder seilen Sie sich bei der Uferkraut-Sichtung an, sonst liegen Sie drin. Die komplette **Pflanzenliste** finden Sie im Anhang.

Pflanzenlisten können niemals aktuell und vollständig sein. Woran das liegt? Nun, vielleicht kommt gerade ein Vogel vorbei und scheidet dort einen Samen aus, den er weit entfernt an einem hübschen Ort gefressen hat, und schon ist wieder eine neue Art vor Ort. Oder ein Hochwasser überschwemmt mal wieder einen Komposthaufen mit Pflanzenwurzeln oder Zwiebeln, die genau hier ans Ufer treiben und es heimisch schön finden. So kommen immer wieder mal **Tomaten**, **Rudbeckien** oder **Sonnenblumen** ans Ruhrufer. Vielleicht haben SIE auch ein paar Samen an den Schuhen, mitgebracht aus Ihrem Garten oder Ihrem Urlaub, und auch denen gefällt es an der Ruhr. Ich würde auch gerne dort wohnen.

Gefleckte Taubnessel

Tour 22

Mülheim: Nymphen im Darlington-Park

 Mülheim, Am Schloss Broich 38, Parkplatz am Ringlokschuppen, ein halbstündiger Rundgang durch den kleinen Park

Hier befindet man sich innerhalb des 1992 als Landesgartenschau gestalteten Geländes von sieben Hektar Größe. Auf dessen Ausdehnung von sieben Kilometern Länge finden Sie Schloss Styrum, Schloss Broich, das Kloster Saarn, wunderbare Parkanlagen, herrliche Zierbäume, ein Stück Ruhrufer, Spielplätze ... Tageswanderungen oder Radtouren über dieses Gelände sind wie Urlaub. Hier möchte ich nur einen kleinen Ausschnitt beschreiben, den ich am zauberhaftesten finde. Den Rest müssen Sie selbst entdecken. Ich war total begeistert von der kleinen Anlage des Darlington-Parks, gegenüber vom Ringlokschuppen.

In einer Wasserlandschaft mit Teichen, deren Wasserläufe mit kleinen Wasserfällen ineinander übergehen, können Sie **Seerosen** *(Nymphaea sp.)* bewundern. Pflücken Sie niemals eine! Die dazu gehörigen Nixen ziehen einen in die Tiefe! Aber nicht nur das. Wenn Sie in der Wildnis eine pflücken, kommen Sie mit dem Gesetz in Konflikt, da sie unter Naturschutz stehen. Hier kommen Sie mit den Gärtnern in Konflikt. Und zu allem Überfluss sind die daran hängenden Wurzeln meterlang, riechen nach altem Moder und sind von Algen bedeckt. Außerdem können Sie nicht viel damit anfangen, es sei denn, Sie sind ein Mönch oder eine Nonne. Die tranken früher den Tee aus den Wurzeln, da die Seerose ein Anaphrodisiakum ist. Das ist das Gegenteil von Liebeskraut. Das kommt mir irgendwie komisch vor, sind doch die Blüten eine Schönheit! Fast überirdisch schön. Viele Menschen fragen

Bild Seite 245:
Der Darlington-Park

Wasserlandschaft

Seggensamen, Nahrung für Neandertaler und Outodoor-Selbstversorger

sich, ob die Blüten auf dem Teich überhaupt echt sind. Kann man so perfekt sein? Natürlich gibt es auch da wieder eine griechische Nymphe, die uns hier in Blütengestalt entgegenkommt. Eine von ihnen verliebte sich in Herakles. (Das ist der, nach dem die **Herkulesstaude** benannt ist, die eben tatsächlich Testosteron-ähnliche Substanzen aufweist.) Herakles nun hatte schon genug Geliebte und verschmähte diese schöne Nymphe. Sie starb daraufhin an gebrochenem Herzen … Ach, diese Götter! Die anderen griechischen Götter hatten Mitleid mit ihr und ließen sie als Seerose weiterleben. Und nun steht sie also im Darlington-Park, weit weg von ihrer alten Heimat!

Seerosen dürfen Sie nun nicht probieren, aber die Samen der **Seggen.** Die waren schon ein Teil der Grundnahrungsmittel der Neandertaler und schmecken sogar. Sie können sich an dem neu gestalteten, aber auf alt getrimmten Bruchsteintor erfreuen, die bunten Blumenrabatten

Verschlungene Weigelien-Ranken   Wasserlandschaft

und die sich selbst umschlingenden **Weigelien** bewundern, die die Torbögen umranken.

Von hier aus können Sie Schloss Broich besichtigen, das gesamte Bundesgartenschaugelände besuchen oder mit dem Fahrrad den Ruhrradweg in beide Richtungen weiter fahren zu neuen botanischen Attraktionen …

Bild u.l.:
Seerose. Klar, dass die auf Lateinisch *Nymphaea* heißt, oder?

Bild u.r.:
Verspielte Architektur

Juli – Tour 22 ∫ 247

Fuchsie

August

Dortmund- City und seine Karnickel

Letztes Jahr war ich zum ersten Mal am Dortmunder „Zentralen Busbahnhof". Für alle Unkundigen: Dieser liegt hinter dem Bahnhof, gegenüber dem Arbeitsamt. Beim Verlassen des Bahnhofs werden Sie von einer **Linde** begrüßt. Sehr nett! Gleich so ein Baum mit Herzblättern, der dem Neuankömmling ein herzliches Willkommen schenkt. Vor allem denen, die dachten: „Oh, endlich Dortmund, juchhu!", aber dann doch: „Uff, doch ziemlich grau hier, und so viel Müll!"

Daneben eine alte knorrige **Kirsche**. Bei Langeweile und solange Sie auf den Bus warten müssen, könnten Sie ja einmal schauen, ob Sie Gesichter in der Rinde entdecken (Tipp: Tiere).

Ich musste noch warten, also war Zeit für eine kleine Analyse der Rasenkräuter. Ich bin ja gerne vorbereitet, wenn ich doch mal spontan Hunger kriege, und siehe da: Es war doch einiges für einen Smoothie oder Wildkräutersalat da. Und wem haben wir das zu verdanken? Einem Karnickel!

Dort mitten zwischen Straßen, Bussen, Parkplatz und riesenhaften Gebäuden auf einer Mini-Rasenfläche lebt nämlich ein – zugegebenermaßen ziemlich mageres – Karnickel. Und mit seinen Hinterlassenschaften hat es den Dünger für allerlei leckere Kräuter gesponsert. Auf einmal war ich richtig dankbar für die drei immergrünen Büsche dort, die ich sonst eher mit etwas Geringschätzung betrachte. Dort lebt eben dieses Karnickel im Schutz des Dickichtes.

Es gab also **Löwenzahn** und **Wegerich**, **Nelkenwurz** und **Klee**. **Holunder**beeren konnte ich auch ernten. Nein, sagen Sie jetzt nicht: Wie, mitten in Dortmund? Autoabgase? Industriegifte? Nun, ich bin da einfach unverpimpelt. Beim Eisbergsalat vom Discounter weiß ich ja auch nicht, ob er nicht direkt neben der Autobahn gewachsen ist.

Nelkenwurz mitten in Dortmund mit einer Wurzel, die nach Moschus duftet!

Aktuell im August sammeln

- **Maronen,** wenn welche dran sind, von Jahr zu Jahr unterschiedlich
- **Haselnüsse,** wenn die Eichhörnchen welche übrig lassen
- **Baumhaseln** (*Corylus colurna*), in vielen Städten gepflanzt, zum Beispiel in Witten, wo die Dortmunder Straße am Netto in die Goethestraße übergeht, in Witten vor der Stadtbücherei, in Bochum-Wattenscheid am Holzweg eine ganze Allee. Die Nüsse sind köstlich zart, erinnern an Sonnenblumenkerne im Geschmack.
- **Brennnessel**samen: Grüne runterhängende Kätzchen pflücken, auf Küchenpapier eine Woche ausgebreitet trocknen, dann die Samen abstreifen und in einem Glas aufbewahren. Die Kraftnahrung für alle: eisenhaltig, calciumhaltig, verbessert die Blutversorgung in allen Organen und ist deshalb auch als Kraut, „welches den Männerlenden die Kraft eines Donnergottes verleiht" (Storl), schon im Altertum benutzt worden. Aber auch bei den Frauen fördert es die Durchblutung aller Organe, bis hin zu den kleinen Zehen. So eine scharfe

Brennnessel

Kornelkirschen, kurz vor dem Kochen …

brennende **Brennnessel** regt eben alles an! Sie können die Samen einfach über Müsli oder in Suppen streuen. Wer täglich einen Teelöffel nimmt, kann sich über Müdigkeit oder Lustlosigkeit nicht mehr beklagen.

» **Nachtkerzen**samen: Ich schüttele die langen Stiele mit den nach oben offenen Samenkapseln einfach in einem gelben Sack aus. In den kleinen braunen Samen ist das wertvolle Omega-6-Öl „Gamma-Linolensäure", welches der Körper nicht selbst bilden kann, welches den Blutdruck senkt, bei Hautproblemen und Neurodermitis hilft und allgemein Entzündungen hemmt. Man kann die Samen essen oder noch besser mit in die Smoothies mischen oder aber gemörsert auf Neurodermitis-Stellen geben (unter einem Verband). Die Samen sind so klein, dass mir jetzt völlig klar ist, warum ich für meine Antifaltencremes mit **Nachtkerzen**öl immer so viel Geld bezahlen muss.

» **Kornelkirschen** ernten und zu Saft und Marmelade verkochen

August ∫ *251*

Tour 23

Wuppertal: Die schönste Blume der Welt im Botanischen Garten

> Botanischer Garten Wuppertal-Elberfeld, Elisenhöhe 1. Im Café Elise kann man danach seinen Tee genießen mit Blick auf Wuppertal. Der Garten ist täglich ab 9 Uhr geöffnet.

Der Botanische Garten befindet sich innerhalb der Hardthöhen, eines großen Erholungsgebiets mit Parklandschaften, großen Wiesen und kleinen Wäldchen.

Er besticht nicht durch seine Größe, denn mit 25.000 qm ist er im Gegensatz zum Botanischen Garten Bochum oder dem Rombergpark in Dortmund ein Zwerg. Aber er ist ein Kleinod! Er ist so liebevoll angelegt und durch seine Lage an einem Südhang so abwechslungsreich, dass ich ihn einfach phantastisch schön finde. Am Eingang sehen Sie schon von weitem den 21 Meter hohen Elisenturm und die Orangerie. Neben der Orangerie ist ein kleiner Ausstellungsraum, in dem Sie einen Gartenführer erwerben können sowie eine Broschüre, die die Kräuter des Heilkräutergartens inklusive ihrer Anwendungen auflistet.

Wenn Sie vom Parkplatz kommen, werfen Sie einmal einen Blick in die Schauhäuser, die außerhalb des eigentlichen Gartens stehen. Hier werden Sie unter anderem über drei Gigantismus-Pflanzen staunen, die Sie andernorts vielleicht bisher nur im Mini-Format gesehen haben: Hier hängen riesige **Tillandsien** *(Tillandsia usneoides)*. Die wie Flechten aussehenden Pflanzen sind aber richtige Blütenpflanzen, nur sind ihre Blüten so klein und so selten, dass man sie meist für eine schon tote Flechte hält,

mit grauen blattlosen Ausläufern. Hätten Sie gedacht, dass sie mit der Ananas nahe verwandt ist?

Daneben stehen eine riesige Fleisch fressende **Kannenpflanze** und ein großer **Hirschgeweihfarn**, eine Pflanze, die in tropischen Regenwäldern auf Bäumen lebt und mangels Erdreich da oben ihren eigenen Blumentopf aus braunen Blättern anfertigt. In diesem sammeln sich von oben tote Blätter und Insekten, die dann zu herrlichem Kompost verrotten, und zwar innerhalb kürzester Zeit. In diesen Blumentopf schickt sie nun ihre Wurzeln. Die Blätter sehen wirklich wie ein Hirschgeweih aus, nur eben etwas platter ...

Gehen Sie nun am ersten Eingang am Elisenturm vorbei, dann an der Orangerie und dem gegenüberliegenden Café Elise vorbei zum zweiten Eingang links. Der Blick nach links fällt sogleich auf einen riesigen **Gingkobaum** vor der Orangerie.

Rechts werden Sie direkt am Eingang von einem kleinen **Maulbeerbaum** *(Morus)* begrüßt, der aber noch etwas wachsen muss, bevor er die saftig-süßen himbeerähnlichen Früchte zum Naschen liefert. Eine Rosskastanie dominierte noch 2014 das Bild, hoffentlich noch lange! Links grüßt der **Liebesperlenstrauch** *(Callicarpa)*, auch **Schönfrucht** genannt, der im Herbst lila Beeren liefert! Nie gesehen vorher!

Bild o.l.:
Gingkobaum mit der typischen Gelbfärbung im November

Bild o.r.:
Liebesperlenstrauch

Wir gehen nun den Weg rechts runter Richtung Heidetümpel. Auf dem Weg dahin lassen sich allerlei **Pfaffenhütchen** bewundern, rechts **Schwertlilien**, links ein **Silberahorn** im Steppengarten, gegenüber auf der rechten Seite vom Weg die Heidepartie.

Wo der Weg unten eine Linksbiegung macht, stehen Sie vor dem Heidetümpel. Darin können Sie meinen Lieblingsfarn bewundern, den **Königsfarn**, ein herrliches Schätzchen mit elegant anmutenden gefiederten Wedeln und großen Sporenständen. In Deutschland kommt er in freier Natur leider kaum noch vor. Im Teich wächst auch der **Fieberklee**, ein Schatzi mit kleeähnlichen Blättern und weißen Blüten, die an Federn erinnern. Daneben wächst die gelb blühende **Teichrose**. Der Teich ist bedeckt mit der **kleinen Wasserlinse**. In freier Natur Kraftfutter für Enten (Entengrütze) und uns. Immerhin ist sein Eiweißgehalt höher als bei Fleisch und Fisch! Und dieses Eiweiß brauchen eben die Enten für die Produktion des Eiweißes ihrer Eier. Ich warte auf den Tag, wo ich Wasserlinsen-Extrakt auf den Internetseiten wiederfinde, die Kraftnahrung für Extremsportler anbieten …

Am Ufer steht eine **Kalmus**art, der *Acorus gramineus*, ein Verwandter unseres Heilkalmus an der Ruhr. Die bittere Wurzel des einheimischen „Ruhr"-Kalmus verwendet man als Heilmittel bei Verdauungsstörungen. Riechen Sie einmal an den Blättern hier: Auch der **Grasblättrige Kalmus** riecht aromatisch.

Gleich folgen Sie der Treppe bergab, aber vorher schauen Sie noch einmal die wunderschönen Blätter von *Hydrangea quercifolia* vor der Treppe rechts im Beet an. Eine Schönheit, oder? Vielleicht haben Sie auch **Hortensien** im Garten? Wenn Sie ein Fan dieser Pflanzen sind, empfehle ich einen Besuch in Englands Gärten in Kent und Sussex. Die sind wahre Fans und Sortenspezialisten.

Nun gehen Sie die kleine Treppe runter. Links werden Sie flächendeckend begleitet von der **Indischen Schein-**

erdbeere, die ich ja schon als einen Neubürger in der Ruhrgebiets-Wildnis beschrieben habe: gelbe Blüten, rote Früchte, die nach Wasser schmecken, aber eine herrliche Salatdeko darstellen.

Nun gehen Sie links die kleine Treppe hoch.

Rechts davon fällt Ihnen vielleicht ein **Efeu** auf, in Strauchform. Ja, der ist schon „geschlechtsreif", also ohne Ranken, sondern in „erwachsener" Form mit eigenem Stamm. Normaler Efeu gebärdet sich derart erst nach vielen Jahren des Rankens an einer Mauer oder einem Stamm. Nicht so dieser! Er ist aus einem Ableger eines erwachsenen Efeus gezogen. Wenn Sie also einen Strauchefeu haben möchten und sich an seinen Blüten und Beeren erfreuen möchte (die ja der rankende nicht hat, weil noch vorpubertär), machen Sie von einem „Erwachsenen" einen Ableger, und schon können Sie mit Efeu Hecken anlegen statt Häuserwände zu begrünen.

Hydrangea quercifolia, die Eichenblättrige Hortensie. Ich finde, die Blätter sehen wunderschön aus. Aber wie die einer Eiche? Vielleicht eher ähnlich der Amerikanischen Roteiche

Links sehen Sie nun die Lieblingspflanze der Floristen, also der Menschen, die allerliebste Sträuße und Gestecke aus Blumen anfertigen. Es ist **Gaultheria shalom**, eine Pflanze mit stabilen eiförmigen Blättern, die Sie garantiert schon einmal in einem geschenkten Blumenstrauß in der Vase hatten. Sollten Sie auch Spaß am Blumenbinden haben, können Sie sich von Ihrem Liebsten einen Strauß schenken lassen, ihn in die Vase stellen, feststellen, dass die Gaultheria darin Wurzeln schlägt, und sie dann in Ihren Garten auspflanzen.

Daneben stehen riesige **Ilex**-Sträucher. Sie wissen schon, der Strauch, aus dessen Holz Harry Potters Zauberstab ist,

August – Tour 23 ∫ 255

Bild o.l.:
Geweihbaum im Herbst. Seltsam!

Bild o.r.:
Hirschzungenfarn, sind Hirschzungen soooo lang?

weil er eben alles Böse abwehrt. Wussten Sie auch, dass aus dem südamerikanischen Ilex-Verwandten der Mate-Tee gemacht wird?

Nun gehen Sie auf dem unteren Weg parallel zum unteren Zaun weiter bis zum **Geweihbaum** *Gymnocladus dioicus*. Er ist im Sommer leicht zu übersehen, im laublosen Zustand allerdings nie, denn seine Form ist eigentümlich. Geht es ihm nicht gut, dass er sich so winden muss? Will er einer Wasserader ausweichen? Nein! Das ist seine natürliche Schönheit, fantasievoll, kurvenreich und in der Baumkrone tatsächlich an ein Rentiergeweih erinnernd. Sein zweiter Name ist übrigens Kentucky coffee tree. Und warum das? Weil seine Früchte getrocknet, geröstet und gemahlen zu Blümchenkaffee verarbeitet werden: Das Wort kennen Sie nicht? So hieß unser Kaffeeersatz früher und heute, der aus der Zichorienwurzel gewonnen wird. Und die Zichorie hat blaue „Blümchen".

Der weitere Weg führt Sie nach rechts an einer **Rhododendron**sammlung vorbei, links an einer Sammlung herrlicher japanischer **Ahorn**arten. Diese vielen Sorten, die alle von der Art *Acer palmatum* abstammen, sind einfach faszinierend. Am allerschönsten aber sind die Blattfärbungen im Herbst.

Nun nähern Sie sich einer Ansammlung von großen Steinen am Hang. Diese beherbergen zwischen sich das

Alpinum, eine Pflanzensammlung aus den Hochgebirgen der Welt. Dahinter grüßt eine *Hamamelis virginiana*, die von November bis Januar blüht und deren Rinde eine entzündungshemmende Substanz liefert. Diese wird in vielen Heilsalben verwendet, zum Beispiel gegen Hämorrhoiden. Daneben steht noch ein Farnliebling von mir, der **Straußenfarn**. Diese Schätzchen sehen immer so aus, als würden sie „stramm stehen". In der Nähe steht in großen Mengen der bei uns so selten gewordene **Hirschzungenfarn**. Dass er einer Hirschzunge ähnelt, halte ich allerdings für ein Gerücht. Oder haben Sie schon einmal eine 50 Zentimeter lange Hirschzunge gesehen? Die Blätter können in Extremfällen sogar bis zu 90 Zentimeter lang werden! Allerdings enthält er viele therapeutisch wirksame Inhaltsstoffe wie zum Beispiel Schleimstoffe und Gerbstoffe und wird in der Naturheilkunde unter anderem zur Behandlung offener Wunden und bei Husten eingesetzt, da er den Auswurf fördert. Ich denke, auch Hirsche wissen das.

Nun gehen Sie ein wenig bergan und stehen an dem artenreichen Kräutergarten. Hier gibt es die Gift-Ecke, beschildert in Rot, mit **Seidelbast**, **Immergrün**, **Stechapfel**,

Die betörend schönen Blätter des giftigen Rizinusstrauches

Aronstab und der hübschen **Zaunrübe,** dazu einen gigantischen schönen **Rizinus**strauch!

Daneben stehen geordnet nach Indikationen Kräuter für die Verdauung, gegen Frauenleiden, für die Nerven und viele andere. Sicher kommt Ihnen einiges bekannt vor: **Melisse, Ringelblume** und **Lungenkraut** haben Sie vielleicht auch im Garten? Und den **Rotklee** kennen Sie vielleicht von der Wiese? Seine roten Blütenköpfchen werden als Östrogenersatz verwendet. Hier steht er neben dem ehrwürdigen **Keuschlamm**-Strauch (für das keusche Lamm im Manne und als Östrogen-Ersatz für die Frau) im Frauenheilkunde-Beet.

Nun gehen Sie einmal rechts von der Orangerie weiter. Dort erwartet Sie ein kleiner Schaukasten mit Insekten fressenden Pflanzen, unter anderem der **Sonnentau,** der an seinen roten Drüsenhaaren ein klebriges Sekret absondert, an dem Fliegen hängen bleiben, und drei Arten mit verschieden geformten Kannen, in denen die Insekten mit einer Verdauungsflüssigkeit verdaut werden, die *Sarracenia*, die hübsche *Darlingtonia*, die auch **Kobrapflanze** genannt wird (mein Liebling vom Aussehen her, exotisch!), und die bekannteren *Nepenthes*-Arten, die **Kannenpflanzen**. Letztere haben rote, glänzende, duftende, klebrige Ränder an der Oberkante der Kanne. Dort lässt sich gerne ein rotverliebtes Insekt nieder, angelockt vom Duft. Aber: Es ist glitschig dort! Und schon liegt es drin. Nach unten gerichtete Haare im Inneren der Kanne verhindern, dass es wieder rauskommt.

Jetzt sehen Sie auch schon das vom Freundeskreis des Botanischen Gartens angelegte Sukkulentenhaus. Links davor kommt Ihnen vielleicht die *Opuntia* bekannt vor, die **Kaktusfeige,** die Sie schon mal auf Teneriffa in der Wildnis gesehen haben. Sie hat essbare Früchte, die ich immer bei Wanderungen auf den Kanaren genieße, aber nach vielen schmerzlichen Erfahrungen mit den haarfeinen Stacheln nur noch mit dornendichten Handschuhen!

Elefantenfuß
(Testudinaria)

Im Gewächshaus stehen verschiedene **Warzenkaktus**-Arten *(Mammillaria)* und viele weitere Kakteen in allerlei Formen, aber am beeindruckendsten ist der **Elefantenfuß** *Testudinaria*. Er sieht unecht aus! Der Wurzelfuß erinnert mich von der Zeichnung her an Achat, in feinen Linien, mit liebevoll gestalteten Mustern bemalt. Und oben auf dieser zerfurchten, wie ein holziger Blumentopf aussehenden Wurzel scheint das Pflänzchen zu entspringen. Faszinierend!

Nun kommen Sie zum Highlight des Gartens, zum **Lotos**blumenteich. Wenn im Juli die Lotosblumen blühen, eröffnet sich dem Betrachter ein Zauberland. Ich hab sie gesehen: die schönste Blume der Welt! Vor der Jugendstil-Orangerie steht im Teich die rosa-weiße Wunderblume: *Nelumbo nucifera* (auf deutsch: **Lotosblume**). Man sieht doch das Licht, welches direkt aus IHR zu strömen scheint, oder?

Der sogenannte „Lotuseffekt" bezieht sich auf die Blätter, die den Schmutz abweisen, was man sich bei künstlichen Oberflächen von der Pflanze abgeguckt hat. Jetzt wundern Sie sich über „Lotos" und „Lotus"? **Lotos** war immer schon der lateinische Name, aber Lotus hat sich

Lotosblumen, nicht in Indien, sondern in Wuppertal

fälschlicherweise „eingedeutscht", weil Prof. Bathlott die schmutzabweisende Funktion Lotuseffekt genannt hat.

Ansonsten finde ich an den Blättern toll, dass sie wie ein Regenschirm auf einem Stiel stehen und damit ihre Verwandtschaft zu unseren **Seerosen** zeigen, die ähnliche Schirmblätter haben. Die Blume ist den Buddhisten und Hindus heilig, als Symbol der Wiedergeburt und der Reinheit. Den Wurzelstock kann man essen, aber tun Sie es bitte nicht. Im Wuppertaler Teich blühen nur drei! Und Sie wissen ja: In Parks ist das Sammeln grundsätzlich verboten.

Die Lotosblüte symbolisiert ein ganzes Leben: Sie wurzelt im Schlamm, steigt dann aus ihm empor und durchzieht dabei das reinigende Wasser, um in Vollendung im Licht zu landen. Ist ja genau wie bei mir!

Buddha wird oft auf einer Lotosblume sitzend dargestellt: Daher auch der Name „Lotussitz" beim Meditieren. Da würde ich wohl auch gerne sitzen.

Ein Blick durch die filigranen Blätter der **Tamariske**, die sich über das Wasser wölbt, eröffnet Ihnen ein Zauberland. Daneben steht ein Bambus und eine Pflanze mit Riesenblättern: eine tropische *Gunnera*, die hier allerdings nur halb so groß wird wie in den englischen Gärten. Die Pflanzen, die ich in meinen Garten gesetzt habe, aus England mitgebracht, haben das bei mir leider nicht überlebt. Sie brauchen mehr Schutz im Winter vor Frost und mehr Wasser, als ich in meinem Garten bieten konnte. Falls Sie diese Schönheit bei sich ansiedeln möchten: Bedenken Sie, dass die Blätter eine Länge von mehreren Metern erreichen können! Da ist unsere einheimische **Pestwurz** und die **Herkulesstaude** geradezu ein Baby dagegen! Und Vorsicht beim Anfassen: Die *Gunnera*-Blattstiele haben Dornen. Ich finde die ganze Pflanze faszinierend, exotisch, schön, ein Fotomotiv erster Güte! Stellen Sie einmal Ihr Kind unter die großen Blattschirme …

Insgesamt 4000 Pflanzenarten wachsen hier, darunter viele, die in der freien Natur als gefährdet gelten. 400 geschützte Arten werden kultiviert und vermehrt, zum Beispiel Vertreter der Gattungen *Cyclamen*, *Iris*, *Paeonia*, *Scilla*, *Moraea*, *Babiana* und *Gladiolus*. So schreibt es der Verein der Freunde und Förderer des Botanischen Gartens auf seiner Internetseite. Er unterstützt den Garten mit Hilfe von Spenden und ehrenamtlichen Einsätzen und bietet regelmäßige Veranstaltungen im Garten an.

Nun können Sie im gegenüberliegenden Café Elise im Biergarten den Weitblick über Wuppertal genießen. Immerhin befinden Sie sich hier in 220 Metern Höhe. Und wenn Ihnen das alles noch nicht reicht: Ein Spaziergang über die Hardt beruhigt die Sinne nach dieser Reizüberflutung. Obwohl … auch hier finden Sie herrliche Baumveteranen, schönste Alleen, bunte Blumenbeete, wunderbare Ausblicke …

Zauberland Lotosteich

Ein Tier? Nein, Magnolienfrucht! Steht allerdings in Wahrheit auf dem Kopf

August – Tour 23 ∫ 261

Tour 24

Wuppertal/Schwelm: „Fairy trail" an der Wupper

ⓘ Zum Bilstein 25, Parkplatz am Naturschutzgebiet Wupperschleife, danach ins Lokal „Landhaus Bilstein" zu westfälischer Küche oder Waffeln

Vom Parkplatz schauen Sie direkt auf die felsigen Steilhänge. Wenn Sie über die Wupperbrücke gehen, werden Sie am Waldeingang von einer dreiarmigen **Hainbuche** begrüßt, die ihre überhängenden Zweige dem Wanderer als Willkommen entgegenstreckt. An diesem Punkt muss ich immer einmal tief einatmen. Es ist ein Gefühl, als würde mich der Baum begrüßen. Oder als würde ich in ein Zauberreich eintauchen. Was ist hier nur? Ich stehe auf einmal im Schatten, sehe rechts die Reihe verdrehter individueller Stämme und kann die Schönheit des Ortes

Traumlandschaft in Beyenburg

kaum fassen. Bei jedem Besuch übrigens von Neuem. Dies ist einer meiner Lieblingsstandorte. Das haben Sie schon gemerkt, oder?

Einer der drei Stämme der Begrüßungs-Hainbuche legt sich waagerecht, so als wollte er uns gleich eine Sitzbank anbieten, damit wir das schöne Panorama erst einmal in Ruhe genießen können.

Am Ufer leuchtet schon in Pink das **Drüsige Springkraut** und in Gelb die sogenannte Wupperblume. „Wupperblume?" Nun, es dauerte einige Zeit, bis ich herausfand, wie diese Pflanze botanisch heißt. Einen halben Tag stand ich dort am Ufer, die Farbenflut genießend, jeden fragend: „Wissen Sie vielleicht, wie diese Blume heißt?" „Wupperblume, was sonst? Kennen Sie die nicht?!"

Diese geheimnisvolle Pflanze ist ein Einwanderer aus Nordamerika, entsprungen möglicherweise aus überfluteten Komposthaufen am Oberlauf der Wupper, den Fluss

Bild l.:
Verwunschener Weg am Fluss ...

Bild o.r.:
... dahinter ist das Pestwurzfeld

Bild u.r.:
Wupperblume in Gelb, im Hintergrund Drüsiges Springkraut in Pink

August – Tour 24 ∫ 263

Dreiarmige Hainbuche direkt an der Brücke

Die Zwillingseichen markieren den schlecht zu findenden Felspfad des „fairy trail", an der Wegkreuzung, etwa 200 Meter links, nachdem man die Wupperbrücke vom Parkplatz aus überquert hat

auf der ganzen Strecke begleitend und nicht zu übersehen: *Rudbeckia laciniata,* der **Schlitzblättrige Sonnenhut**. Er wird drei Meter hoch! Dass sie ihrem Namen alle Ehre macht, können Sie bei genauem Hinsehen feststellen. Sie ist verwandt mit Echinacea, dem Purpur-Sonnenhut, den wir als Heilkraut fürs Immunsystem kennen. Leider ist sie fürs Immunsystem nicht zu gebrauchen. Die nordamerikanischen Indianer nutzen die Pflanze als Gemüse, indem die jungen Frühlingstriebe gekocht werden. Ein Tee aus den Wurzeln soll gegen Magenverstimmung helfen.

Neben der gelben **Rudbeckia** steht die aus Asien kommende pinkfarbene **Springkraut**flut. Deren Samen schmecken in gelbem und braunem Zustand frisch, getrocknet und in der Pfanne geröstet. Haben Sie es bemerkt? Wupperblume aus Amerika, **Drüsiges Springkraut** aus Asien. In Wuppertal treffen sich die Kontinente!

Ein steiler Felspfad führt weit bergan, vorbei an Felsnasen und knorrigsten in den Felsen hängenden **Eichen**. Diesen Pfad können Sie bis auf die Kuppe gehen, dann auf einem breiten Wanderweg rechts herum wieder runter, bis Sie, sich immer rechts herum haltend, nach ca. vier Kilometern wieder am Ursprungsort ankommen. Am Steilhang wächst nicht viel im Unterholz, zu steil, zu karg, zu felsig, zu dünne Bodenschichten. Einige **Heidelbeer**sträucher schaffen es, tragen aber bei uns meist nur vereinzelte Früchte.

Falls Sie für den eben beschriebenen langen Rundweg nur wenig Zeit haben, lohnt unbedingt der kleine Weg von der dreiarmigen **Hainbuche** aus wupperaufwärts. Die Felsen, die küssenden Bäume und die Bank machen diesen Ort – laut meiner Umfrage – für die Beyenburger zum schönsten Ort Wuppertals.

Ein anderer Weg führt von der dreiarmigen Hainbuche aus wupperabwärts. Nach ca. 200 Metern kommen Sie links an eine große, wundervoll artenreiche Wiese, durch die ein kleiner Wasserlauf führt. Vor der wasserbaulichen

Zauberwelt in den alten Steinbrüchen am Steilhang

Maßnahme im Jahr 2014 war es hier noch schöner. Leider wurde die Wiese zum Teil mit Steinen zugekippt! Und das in einem Naturschutzgebiet! Dadurch sind viele Pflanzen, die genau im Sumpf neben dem Bach wuchsen, stark dezimiert worden.

Hier finden Sie jetzt aber immer noch vereinzelt den **„Schlangenknöterich"** *(Polygonum bistorta)*. Nein, er beißt nicht! Seine Wurzeln sind wie Schlangen gewunden und werden wegen ihres Gerbstoffgehaltes gegen Durchfall benutzt. Bedenken Sie bitte, dass Sie hier in einem Naturschutzgebiet sind. Also bitte nur gucken. Hier wachsen auch **Frauenmantel**, **Gänsedistel**, **Mädesüß** und **Baldrian**.

Gegenüber der Wiese, also an der Weggabelung, wo ein breiter Weg bergan führt, stehen an einem Hang Zwillings**eichen**, die den Beginn eines schmalen Fußpfades ankündigen. Wenn Sie mit Wanderschuhen ausgerüstet sind, schwindelfrei und ohne Hund, können Sie diesen abenteuerlichen Weg am Steilhang begehen. Diesen hab ich „fairy trail" genannt, weil er urigste Bäume, wunderbare Ausblicke auf die glitzernde Wupper direkt unter einem und Baumgesichter beherbergt. Der Weg ist an einigen Stellen sehr schmal und an einer Stelle müssen Sie durch ein Bachbett.

Hier findet sich der **Salbei-Gamander** *(Teucrium scorodonia)*, der so typisch für diese **Eichen**wälder an sauren Steilhängen ist. Ich habe nie etwas wirklich Sinnvolles zu seiner Anwendung gefunden. In der Homöopathie scheint

Bild r.:
Vielarmiger Baum am „fairy trail"

Bild l.o.:
Der Steinbruchwächter, Vogel oder Drache?

Bild l.u.:
Pure Schönheit an der Wupper

Wupperabwärts ist ein herrlicher Herbstwald

er gegen chronisches Lungenleiden wie Tuberkulose hilfreich zu sein.

Außerdem wachsen hier **Blaubeeren** und **Besenheide**. Das alles spricht für einen supersauren kargen Boden. Der Wald am Steilhang zur Wupper besteht aus **Traubeneichen** und **Hainbuchen**, dazwischen stehen vereinzelt **Kiefern**, **Fichten** und **Birken**.

Nach einiger Zeit kommen Sie an einigen alten Steinbrüchen vorbei, die schöne Fotomotive und entspannende Orte zum Meditieren bieten. Gehen Sie den Weg immer links und bergab, dann kommen Sie unten auf einen ebenen breiten Pfad, der links herum mit schönen Ausblicken auf die Wupper wieder zum Ausgangspunkt zurückführt. Hier beggnen einem noch der bei uns nicht allzu häufige **Rote Holunder** mit roten Beeren und **Hasel**sträucher.

August – Tour 24 § 267

Rosenschönheit

September

Holunderbeeren für Genießer

Ich finde immer schön, wie sie sich im Herbst so langsam wieder ins Bewusstsein der Menschen rücken. Im Frühjahr sind die Blüten als weiße Teller selbst bei Autobahnfahrten von weitem unübersehbar. Dann lange nichts. Völlig unauffällig.

Das machen die ja extra, damit die Beeren – unentdeckt von uns, Vögeln und sonst wem – in Ruhe reifen können. Um dann langsam unsere Aufmerksamkeit zu erregen, färben sich zuerst die Stängel der Beerendolden rosa, dann rotviolett um dann … Nun, den Rest kennen Sie ja selbst. Diese tiefschwarzen Beeren kann man jetzt sammeln. Gesüßt und gekocht werden sie von den meisten Menschen vertragen. Sie sollten sie immer durch ein Sieb streichen und das Ganze ohne Samen genießen. Ich kann sie ohne Probleme komplett roh verspeisen.

Meine erprobten Lieblings-Rezepte

Holundersaft

Holunderbeeren mit einer Gabel von den Stielen befreien.
2 ½ kg Holunderbeeren mit 1 ½ kg Zucker und ca. 1 Liter Wasser und dem Saft von 1–2 Zitronen 10 Minuten kochen.
Dann durch ein Sieb geben und in heiß ausgespülte Flaschen füllen.

Für die, die es lieber ganz klar und fein haben möchten: Auch noch durch ein Geschirrtuch (welches im Sieb liegt) filtern.

Tipp: Wer einen Gefrierschrank hat: In Eiswürfelbehälter füllen und dann einzelne aufgetaute Würfel zum Beispiel in einem O-Saft servieren, als Sauce oder zu Süßspeisen. Ich habe mir zusätzlich sehr kleine Marmeladengläser bestellt zu 30 und 65 ml. Damit kann ich auch mal eine Miniportion als Luxus-Zugabe zu Süßspeisen oder Säften servieren.

Hollergelee

2 kg Holunderbeeren
¼ Liter Wasser
1 Stück Zimtrinde oder eine Prise Zimt
2 Gewürznelken (oder Nelkenwurzwurzel, selbst gesammelt J)
2 Wacholderbeeren (oder weglassen)
Schale einer halben Zitrone (bio)
1 ½ kg Gelierzucker
Gewürze und Zitronenschale in Wasser aufkochen, Beeren dazu, kochen bis sie platzen. Dann durch ein Tuch seihen und wieder in den ausgespülten Topf geben. Den Zucker dazu und kochen, bis der Saft eingedickt ist. In Marmeladengläser füllen.

Holunderbeeren-Amaretto-Likör

Holundersaft herstellen, indem man die Beeren mit ganz wenig Wasser einfach ½ Stunde aufkocht und dann durch ein Sieb streicht. Dann zu einem Liter Holundersaft 300 g Zucker und den Saft einer Zitrone geben und nochmals aufkochen. Dazu ½ Liter Amaretto-Likör und ½ Liter Wodka. In dunkle Flaschen füllen.

Meine Kräuterkurs-Teilnehmer haben vorgekostet und meinen: Der beste Likör aller Zeiten!

Holunderbeeren kurz vor der Reife: Die Aufmerksamkeit lenken sie ab sofort auch auf ihre roten Stiele!

Mein Lieblingsrezept: Hollerpralinen

Eine Süßigkeit, um sie zu Weihnachten zu verschenken. Hält monatelang!
Zutaten: 1 kg Holunderbeeren, 1,2 kg Zucker, 50 ml Wasser, Pralinenförmchen
Zubereitung: Holunderbeeren abrebeln (mit einer Gabel), mit Zucker und Wasser in einem Topf so lange kochen, bis die Masse geleeartig eingedickt ist, nach ca. 20 Minuten. Dann mit einem Teelöffel in Pralinenförmchen verteilen und kühl stellen. Nach dem Hartwerden mit Backschokolade überziehen. Herrlich fruchtige Pralinen! Und voller Antioxidantien!

Aktuell im September sammeln

» **Baumhasel**nüsse, an vielen Stellen in Städten gepflanzt. Die Blätter der Bäume sehen aus wie die von **Haseln**. Die Früchte fallen als Sammelfrüchte runter und schmecken wie Sonnenblumenkerne. In Massen zu sammeln in Witten an der Goethestraße und in Bochum an der Holzstraße sowie in vielen Innenstädten.
» **Kastanien** für die „Not-Waschlauge": Klein schneiden, 10 Minuten in Wasser kochen und dieses zum Wollewaschen verwenden
» **Wilden Dost** als Kraut gegen den Teufel, für den Hustentee und als Gewürz und Deko für den Salat

Bild Seite 273 o.: Baumhaseln, einfach aufkehren!

Bild Seite 273 u.: Geschnittene Kastanien zum Wäschewaschen

Bild r.: Wilder Dost auf Möhrengemüse, hilft gegen den Teufel

Tour 25

Hagen: Ehrwürdige Baumgestalten am Wasserschloss Werdringen

ⓘ Werdringen 1, Parkplatz. Einmal um das Schloss, dann eventuell weiter bis zur Ruhr oder danach im Schlosscafé einkehren.

Am Schloss Werdringen mache ich jedes Jahr eine Baumführung. Dieser Ort ist ideal, da hier ein Baum-Liebhaber vor ca. 150 Jahren viele verschiedene Baumarten gepflanzt hat. Wollte er auch Führungen machen? Wir werden es wohl nie erfahren, aber da hier nur die häufigsten Baumarten vorkommen und keine Exoten, wollte er vielleicht eine Anfängerführung machen. So wie ich. Wenn ich mehr zeigen wollte, so circa über 1500 verschiedene Gehölze, würde ich in den Botanischen Garten Bochum gehen, wenn es mehr als 4500 sein sollten, in den Rombergpark in Dortmund. Und mir als Vortragenden einen Professor oder einen Dendrologen dazu holen ...

Nachdem ich mir die Bäume hier alle einmal angesehen hatte, dachte ich: „Nun, eine Führung hätte er hier gut ma-

Bild u.l.:
Urige Hainbuchengestalt ...

Bild u.r.:
... vor Traumkulisse

Ulmennüsse schmecken nussig. Sie sind ab April zu sammeln.

chen können, aber auch zum Überleben hätte er alles gehabt!" Es gibt **Kastanienfrüchte** für die Waschlauge, **Eichen**rinde als Medikament gegen schlecht heilende Wunden, **Maronen**, **Bucheckern** und **Haseln** als Kalorienbomben, **Weißdorn**blüten gegen hohen Blutdruck, **Linden**blüten für Tee gegen Falten ... Kurz: Alles, was man zum Leben braucht!

Wenn Sie vom Parkplatz aus auf das Schloss zugehen, wandeln Sie zunächst durch eine **Roteichen**allee. Ich mag ihre großen gezackten Blätter, die im Herbst eine so schöne Rot-Braun-Färbung bekommen. Die Bäume sind nicht heimisch bei uns, sondern kommen aus Nordamerika. Schon lange gehören sie aber zu unserem Waldbild, wurden sie doch in den 80er Jahren vermehrt gepflanzt, als man Bäume suchte, die gegen das Waldsterben immun sind. Sie haben besonders große Eicheln. Falls Sie einmal Lust haben sollten, die aufwändige Prozedur zu wagen, ein **Eichel**mehlbrot zu backen: Man muss sie vorher anrösten, dann schälen, dann mahlen und dann mehrmals wässern, um die Bitterstoffe herauszulösen.

Gehen Sie nun vor der Wassergraben-Brücke links um die Wasserburg herum. Hier staunen Sie sicher zunächst über eine knorrige Gestalt: eine menschlich anmutende **Hainbuche**! Unbedingt ein Fotomotiv. Was will sie uns mit ihrer knorrigen Gestalt sagen? Von der wechselvollen Geschichte erzählen? Oder symbolisch darauf hinweisen, dass man im 100 Meter entfernten Museum für Ur- und Frühgeschichte allerlei interessante, ebenso exotisch anmutende Funde bestaunen kann?

Links daneben staunt man über den ungeheuerlich dicken Stamm einer **Platane**. Dieser Baum, der aus dem Mittelmeergebiet stammt, hat ledrige Blätter und Früchte, die wie Christbaumkugeln aussehen. Oder sind es Ohrringe? Der Stamm schält sich. So hat er immer eine „jugendlich frische Haut"!

Dann kommen Sie durch eine kleine **Linden**allee, der Baum der Herzen mit herzförmigen Blättern, die sogar im Herbst noch ganz leicht nach Zucker schmecken. Durch die Stammausschläge sind die Blätter in optimaler Erntehöhe. Probieren Sie doch mal. Oder nehmen Sie sich ein paar für Ihr Abendbrot mit.

Tipp: Nehmen Sie sich ein Baumbestimmungsbuch mit, sammeln Sie von jedem Baum zwei Blätter, pressen Sie diese zwischen Zeitungspapier und kleben Sie die dann formschön auf gleich große quadratische Pappen. Wenn sie noch laminiert werden, können Sie damit Baummemory spielen. Die etwas schwierigere Variante geht so: Eine Memorykarte zeigt das Blatt, die andere das Wort für den jeweiligen Baum.

Folgende Baumarten stehen um den Schlossgraben herum:
» **Amerikanische Eiche** (**Roteiche**, *Quercus rubra*), große Eicheln, schöne rotbraune Herbstfärbung
» **Birken** *(Betula pendula)*, Blättertee als Frühlingskur zum Entschlacken
» **Bergahorn** *(Acer pseudoplatanus)*, Blütentrauben in Gelb im Frühjahr
» **Ebereschen** *(Sorbus aucuparia)*, die Blättchen schmecken im Frühjahr wie Bittermandel, aber bitte nur ein

kleines Stück probieren! Die roten Beeren im Spätsommer sehen bezaubernd aus

» **Gemeine Esche** *(Fraxinus excelsior)*, ein Baum, der sein Herbstlaub grün abwirft
» **Hainbuche** *(Carpinus betulus)*, mit menschlich anmutenden Gestalten
» **Rotblühende Rosskastanie** *(Aesculus* x *carnea)*, diese hat weniger und kleinere Blätter und Kastanienfrüchte als ihre große Schwester, die Rosskastanie
» **Maronen** (**Esskastanie**, *Castanea sativa*), Früchte roh oder geröstet köstlich!
» **Platanen** *(Platanus* x *hispanica)*, sie schälen ihre Rinde, um noch schöner auszusehen
» **Rotbuchen** *(Fagus sylvatica)*, mit Bucheckern im Herbst
» **Blutbuche** mit dunkelrot gefärbten Blättern *(Fagus sylvatica f. purpurea)*, eine Schönheit! Und wenn das Sonnenlicht durch die roten Blätter fällt, steht man in einem Elfenreich!

Kleines Blätterquiz: Was sehen Sie? (Oben links Rotbuchenblatt, oben Mitte Eichenblatt, rechts ein Bergahornblatt. Untere Reihe: vier Roteichenblätter, rechts daneben ein Spitzahorn- und darunter ein Wildkirschenblatt, dazwischen die Schalen von Bucheckern)

» **Gewöhnliche Rosskastanien** *(Aesculus hippocastanum)*. Die zerschnittenen Kastanien wurden früher mit Wasser zu Waschlauge gekocht. Sieht nicht schön aus, irgendwie wie schon mal benutzt … schäumt aber!
» **Sommer-Linden** *(Tilia platyphyllos)*, die Blätter schmecken das ganze Jahr, im Juni können Sie Lindenblüten sammeln für den Tee gegen Erkältung
» **Spitzahorn** *(Acer platanoides)*, gelbe leckere Blüten im April, Herbstfarben gelb, orange, rot und lila
» **Traubeneiche** *(Quercus petraea)*, einheimisch, Eicheln zum Basteln
» **Ulmen** *(Ulmus glabra)*, die einzigen Bäume mit unsymmetrischen Blättern, die Blätter haben kleine Hörnchen und sind oberseits rau behaart, die Samen schmecken im April nussig
» **Wildkirschen** *(Prunus avium)*, die mit den kleinen roten Punkten am Blattstiel. Das sind Nektardrüsen mit Honig für ihre geliebten Ameisen

In der Strauchschicht finden sich **Haseln** (*Corylus avellana*, Blätter wie Herzen), **Weißdorn** (*Crataegus monogyna*, kleine Blättchen wie Händchen, außerdem mit Dornen), **Schwarzer Holunder** (*Sambucus nigra*, Blüten für Tee im Mai und Beeren für Saft) und **Ilex** (*Ilex aquifolium*, aus dem ist, wie Sie inzwischen ja wissen, Harry Potters Zauberstab, weil der gegen alles Böse hilft). In der Krautschicht finden sich **Nelkenwurz** (mit der rosa Wurzel, die nach Moschus riecht), **Giersch** (als Salatkraut gegen Gicht), **Stinkender Storchschnabel** (äußerlich hilft der Blattsaft gegen Herpes) und viele andere. In einer kleinen feuchten Mulde hinter dem Schloss im Dickicht findet sich ein Kraut, das bei uns nicht allzu oft zu finden ist: eine eher rankende Pflanze mit Blättern, die immer verschieden aussehen, mal eiförmig ganz „normal", mal daneben pfeilförmig und daneben noch anders mit kleinen Öhrchen. Wenn ich nicht weiß, wie ich das einordnen soll und welches Kraut das ist, so vielfältig, unentschieden und mysteriös, fällt mir immer ein, was es ist: Natürlich ein Nachtschattengewächs! Diese unheimlichen mit den giftigen Inhaltsstoffen, die bei Konsum der grünen Teile den „Nachtschaden", den Wahnsinn hervorrufen oder – wie bei der Tollkirsche – zum Tode führen. Hier wächst der **Bittersüße Nachtschatten** *(Solanum dulcamara)*. Er hat im Sommer lila Blüten mit helllila und dunkellila Anteilen mit gelben Staubblättern. Nie vorher sah ich solche Farbzusammenstellung, zumindest nicht außerhalb der Tropen. Von der Form her ähneln die Blüten einer Kartoffelblüte. Und tatsächlich ist ja auch die Kartoffel ein Nachtschattengewächs, deren Laub wir niemals essen dürfen. Wenn Sie nun im Herbst hier sind, sehen Sie wohl nicht mehr die Blüten, sondern die knallroten Beeren, an kleinen Ranken im Unterholz, die so unglaublich lecker aussehen. Die noch grünen Beeren sind tödlich giftig, die roten verlieren einen Teil ihrer Alkaloide. Probieren Sie nicht! Sie schmecken leider süß. Daher der Name. In der indischen Medizin und bei Pfarrer Kneipp war die Pflanze als Heilkraut zum Entgiften beliebt. Bei uns wird sie noch angewandt in Teemischungen, aus denen äußerlich Umschläge gegen juckende Hautausschläge gemacht werden, da die Stängel und Blätter eine cortisonähnliche Substanz enthalten. Also doch ein Schätzchen!

Bittersüßer Nachtschatten in Blüte

Beeren des Bittersüßen Nachtschattens: eine Schönheit, aber giftig!

Ich freue mich immer, wenn ich einmal einen Bittersüßen Nachtschatten finde. Sammeln Sie hier nicht! Der Park gehört zum Schloss Werdringen, es ist also sowieso verboten und das kleine Sumpfgebiet hinter dem Schloss hat nicht umsonst seit einiger Zeit ein Schild: „Nicht betreten". Solche Feuchtbiotope sind bei uns selten geworden!

Wenn Sie nach der kurzen Tour noch Lust auf Wald oder Fluss haben, können Sie am Wassergraben und Bauernhof entlang zunächst über artenreiche Wiesen und dann in den Wald gehen. Hier erwartet Sie ein schöner typischer alter **Buchen**wald.

Tour 26

Dortmund/Hagen: Holunderbeeren und Kräuter am Hengsteysee

ⓘ Hengsteyseeufer unterhalb der Hohensyburg, Stadtgrenze zwischen Dortmund und Hagen. Fürs Navi: Hagen, Dortmunder Straße, dort bis an den Hengsteysee heranfahren. Auf dem großen Parkplatz parken (Nähe Bikerkiosk).

Bild u.l.:
Parkplatz neben dem Bikerkiosk, rechts davon ist die Ruhr. In Blickrichtung führt der Ruhrtalradweg nach Herdecke

Bild u.r.:
Hohensyburg-Steilhang mit Traubeneichenwäldern

Auf der Hohensyburgseite des Sees winken in herbstlichem Rot-Braun die **Traubeneichen**wälder, eine selten anzutreffende Waldformation, die es nur an Süd-Steilhängen noch in natürlicher Form gibt. Ich liebe diese Wälder. Sie waren Thema meiner Diplom-Arbeit. Die kleinen schmalen Bäumchen sind zum Teil schon mehrere Hundert Jahre alt! So hart ist ihr Leben an der steilen Felskante, dass sie noch wie jugendliche Bäumchen aussehen.

Beim Untersuchen der Wälder musste ich Bodenproben nehmen und feststellen, dass die Bodentiefe dort oft nicht mehr als zehn Zentimeter betrug. Beim Messen des pH-Wertes stellte ich Werte von 3 bis 4 fest, sauer, sauer! Säure,

Vom Hang unterhalb der Burg aus fotografiert: Blick auf Hagen und den See

Trockenheit, Mangel an fruchtbarem Boden und die Hitze am Südhang! Das alles halten nur **Eichen** aus. Vielleicht noch ein paar Birken. Aber **Buchen**? Könnten das niemals!

Die Ruhrsteilhänge sind heute Naturschutzgebiet.

Immer mal wieder sind Hangabschnitte oder Wege wegen Steinschlag gesperrt. So ist leider schon ein Teil des Hanges unten am Radweg mit Beton gesichert, der einige seltene **Farne** und Wärme liebende Arten unter sich begraben hat. Wenn Sie den Hang unterhalb der Burg zum Wandern hochgehen, auf steilen und gewundenen Pfaden, werden Sie mit einem Wald voller knorriger **Hainbuchen** und **Eichen** belohnt, die sich dramatisch in die Felsen klammern. Immer wieder gibt es im Steilhang alte Aussichtsplattformen, die einen schönen Blick auf den See ermöglichen. Den Blick auf die dahinter liegenden Hagener Industriegebiete müssen Sie aber verdrängen!

September – Tour 26

Denkmal vom großen Parkplatz aus gesehen, theatralisch in Szene gesetzt, links mit Spitzahorn, rechts mit Hasel

Nach diesem theoretischen Vorgeplänkel beginnt unsere Runde ohne Steilhänge nun auf dem großen Parkplatz. Als Fotomotiv Nr. 1 schlage ich vor: Denkmal mit Blätterrahmen. Am Parkplatz leuchten gerade in herbstlichem Rot, Orange und Gelb die herrlichen **Spitzahornbäume**.

Vom Parkplatz aus gehen Sie nun direkt ans Wasser und unter der Dortmunder Straße/Brücke her. Hier kommen Sie direkt an den See. Auf Steinen können Sie sitzen und mit Blick auf den Steilhang über den Sinn des Lebens oder

Bild u.l.: *Clematis*-Früchte am Wasser, ein Gemälde!

Bild u.r.: Beinwellblüte, noch ein Gemälde.

den der Herbstfärbung meditieren ... wenn Sie sich vom Straßenlärm auf der Brücke nicht stören lassen.

Hier unten an der Wasserkante begegnen Ihnen **Beinwell** und **Nelkenwurz**, aber auch die einheimische *Clematis*, die ihre Samen mit zwei Zentimeter langen weißen Federchen behängt. Eine Schönheit!

Nun gehen Sie auf der anderen Seite wieder hoch, auf die Straße zurück und überqueren auf der Brücke den See in Richtung Steilhänge. Werfen Sie ruhig einmal einen Blick aufs Geländer. Auch dieses ist botanisch nicht uninteressant. Ihr neues Hobby vielleicht? **Flechten**? Mandalamäßig schön!

Wo rechts die Treppe auf die Halbinsel führt, steigen Sie hinab. Am Fuß der Treppe rankt rechts und links der **Hopfen** (*Humulus lupulus*), dessen Zapfenfrüchte man für Schlaftee sammeln könnte. Dann gehen Sie zum Ufer, und zwar an die Seite, wo man die Tretboote mieten kann. Die 100 Meter bis zu den Booten nun beherbergen eine ganze Apotheke. Hier finden Sie **Mädesüß** (*Filipendula ulmaria*) als Aspirintee-Ersatz, **Blutweiderich** (*Lythrum salicaria*), der schon in der Antike gegen Durchfall verwendet wurde, **Wolfstrapp** (*Lycopus europaeus*) als Tee gegen Fieber, **Schöllkraut** (*Chelidonium majus*) mit seinem gelben Blattsaft gegen Warzen, **Beinwell** (*Symphytum officinale*) mit der heilsamen Wurzel gegen Prellungen und blaue Flecken.

Bild u.l.:
Flechten am Geländer. Flechten sind eine Mischung aus Pilz und Alge. Wie spannend!

Bild u.r.:
Blick von der Brücke auf die Halbinsel. Unten links am Ruhrufer ist die botanische Vielfalt.

Warum schaut die Platane so grimmig? Neben dem Bootshaus

Bild u.l.:
Hopfen rechts und links von der Treppe auf der Halbinsel

Bild u.r.:
Die Samenkapseln der Roten Lichtnelke sind filigrane Schüsselchen mit Spitzenbordüre. Sammeln Sie doch die Samen für Ihren Garten! Die Blüten schmecken süß.

Für den Salat stehen hier **Gilbweiderich** *(Lysimachia vulgaris)* mit dekorativen essbaren Blüten in Gelb und **Rote Lichtnelke** mit süßen Blüten in Pink, dazu **Kohl-Gänsedistel** mit knackigen Blättern, **Giersch** und **Vogelmiere**.

Sie können nun auf dem mittigen Weg über die Insel ruhraufwärts gehen. Die Insel ist über einen schmalen Weg mit dem „Festland" verbunden. Begleitet werden Sie von schönsten Fotomotiven. Hier hängt ein **Hopfen** wie ein Schal um einen **Feldahorn**, dort steht ein blau blühender **Natternkopf** vor blauem Wasser, daneben thront die weiße Dolde der **Herkulesstaude** und überall sieht man die hübschen Minizapfen der **Schwarzerlen**.

Sie kommen dann in ein Naturschutzgebiet, in dem Sie natürlich nichts sammeln dürfen. Sich immer rechts haltend kommen Sie nach ca. zwei Kilometern wieder zur großen Ruhrbrücke zurück, wo Ihre Tour begonnen hat.

Kräutertour de Ruhr

Schöne Herbstfarben am See

Kurz bevor Sie wieder am Ausgangspunkt zurück sind, liegt rechts ein großes Bootshaus. An der direkten Zufahrt dazu stehen einige **Platanen**. Eine schaut sehr grimmig! Finden Sie die? Daneben noch mal schönste Ausblicke auf herbstliche Farben am Wasser.

Auf dieser Hagener Seite des Sees am Ufer entlang in Richtung Herdecke finden Sie **Holunder**beeren und **Haselnüsse**. Nach zwei Kilometern führt am Laufwasserkraftwerk Hengstey eine Fußgängerbrücke über die Ruhr. Dahinter ist eine Gaststätte, die wie die gleichnamige Straße „Zum Schiffswinkel" heißt. Von hier können Sie auf der anderen Seite des Hengsteysees zum Ausgangspunkt zurückgehen oder -fahren. Alle Wege sind Teil des Ruhrtalradweges.

Tour 27

Bochum: China-Feeling und Sumpfzypressen im Botanischen Garten

 Parkplatz an der Straße vor der Einfahrt zur Grünen Schule, Im Lottental 44.

Von April bis September ist der Garten von 9 bis 18 Uhr, von Oktober bis März von 9 bis 16 Uhr geöffnet.

Einkehren kann man innerhalb des Gartens im historischen Bauernhaus Beckmannshof. Dieser hat aber nur von 11.30 bis 14 Uhr geöffnet. Oder bringen Sie sich ein Picknick mit und genießen es inclusive fantastischem Blick auf einen der vielen Teiche oder den Springbrunnen vor dem Tropenhaus.

Der Garteneingang ist etwas im Wald versteckt: Gehen Sie geradeaus den breiten Weg in den Wald, an Mauer und Zaun entlang. Auf der linken Seite begegnet Ihnen zunächst links ein schöner Teich mit einer dreiarmigen **Hainbuche** davor. Das macht die ja extra, zum Klettern für die Kinder!

Dahinter passieren Sie auf der linken Seite des Weges die von mir so genannte „Hainbuchen-Allee der küssenden Bäume". Gehen Sie immer geradeaus bis zu einer weißen Brücke, die links über einen Wasserlauf und zum unteren Eingang des Botanischen Gartens der Ruhruniversität führt.

Gehen Sie hinter dem Eingang die Treppe rauf und dann direkt links herum.

Früher habe ich mir in meiner jugendlichen Unschuld unter einem Chinesischen Garten immer einen richtigen Garten vorgestellt. In Wahrheit ist hier ein von einer Mauer umgebenes Gelände, welches auf 1000 qm eine

Chinesischer Garten – meditativ schön

Landschaft aus Steinen, Wasserläufen und Gebäuden beherbergt. Der Name des Gartens „Qian Juan", also Qians Garten, bezieht sich auf einen berühmten chinesischen Dichter, der 365–427 n. Chr. gelebt hat. Er hatte eine Vision von einer paradiesisch idealen Gesellschaft und einer dazu passenden paradiesischen Landschaft, die er im „Bericht vom Pfirsichblütenquell" veröffentlicht hatte. Diese schöne Geschichte kennt in China fast jeder, und mir kommt sie sehr nahe, habe ich doch auch eine Vision für „essbare Paradiesstädte", besonders fürs Ruhrgebiet!

Dieser Chinesische Garten soll also den idealen Zustand repräsentieren, und kaum ein Besucher kann sich dessen Zauber entziehen. Sobald Sie hineinkommen, umfängt Sie meditative Ruhe. Die schlichten Farben wie weiß, grau und braun tragen zu dieser Ruhe bei. Die Wasserläufe, der Wasserfall, die gewundenen Steinwege sind Elemente aus der Paradieswelt. Das strohgedeckte Häuschen repräsentiert eine alte Fährstelle.

Der kleine Pavillon mit Sitzbank lädt zu einer Rast mit traumhafter Aussicht ein. Beim Rundgang haben Sie die Möglichkeit, nach jedem Meter eine andere Aussicht oder ein noch schöneres Fotomotiv zu erhaschen. Vielleicht wundern Sie sich über die Fenster? Ja, sie haben alle eine andere Form!

Für die Felsenlandschaften, durch die Sie wie durch eine Höhle an einem Wasserfall vorbei gehen, wurden 600 Tonnen Gestein bewegt. Im Sommer können Sie sich hier eine köstliche kühle Erfrischung mit spritzendem Wasser gönnen. Die Holzelemente, Ton-Dachziegel und Fliesen wurden in China hergestellt, mit dem Schiff nach Deutschland transportiert und dann von chinesischen Baumeis-

Wasserhyazinthe mit knolligen Blattstielen

tern vor Ort verbaut. Ja, jeder Ton-Dachziegel wurde EINZELN angefertigt! Die Tonziegel waren in den letzten Jahren doch sehr brüchig geworden. Daher wurde im Jahr 2014 mit Hilfe von Spendengeldern hier eine aufwändige Sanierung vorgenommen, wieder mit handgemachten Dachziegeln und wieder von chinesischen Handwerkern. Sieht wie neu aus!

An einigen Stellen gelangt man in kleine Sackgassen-Nischen, wo ein einzelner Baum oder Strauch steht. Nun, das ist eben SEIN Zimmer.

Die Bepflanzung ist landestypisch mit **Seerosen**, **Bambus** und **Ahorn**arten. Die Inschriften am Eingangstor bedeuten zum Beispiel „Ich pflücke Chrysanthemen an der Hecke im Osten". Nun, tun Sie das im Botanischen Garten lieber nicht, sonst bekommen Sie Stress mit den Gärtnern.

Der Teich vor dem Chinesischen Garten beherbergt neben der (wahrscheinlich von selbst gekommenen) **Wasserlinse** auch Seerosen und die mittlerweile weltweit verbreitete **Wasserhyazinthe** *(Eichhornia crassipes)*. Sie blüht lila, kommt ursprünglich aus Südamerika und hat sich in den Tropen zu einer Plage entwickelt, weil sie alle Gewässer zuwuchert. Eine Pflanze kann bis zu 3000 neue Pflanzen in einem Jahr produzieren! Mancherorts auf der Welt blockiert sie die Schifffahrt, in China aber wird sie als unentwegt gratis nachwachsendes Schweinefutter allerdings geschätzt. Sie wundern sich über die lustigen birnenförmigen Blattstiele? Sie sind aufgeblasen und mit Schwamm-Gewebe gefüllt, das Luft enthält. So ist die Pflanze unsinkbar. Wegen ihrer Schönheit wird sie von vielen Gartenteichbesitzern geliebt und kann in Gartencentern erworben werden.

Nach der völligen Entspannung im Land des Pfirsichblütenquells können Sie sich nun ganz weltlichen Dingen zuwenden. Gehen Sie aus dem Chinesischen Garten raus, dann links und so weit wie möglich am rechten Garten-

Sumpfzypressen-Teich. Dies ist ein Elfenort!

rand bergauf. Dann begegnen Ihnen links die Kräuter- und Küchengärten mit Salatkräutern, Gemüsepflanzen, rankendem **Hopfen** und **Kapuzinerkresse**.

Dahinter etwas weiter oben finden Sie ein weiteres Highlight zum Träumen: den **Sumpfzypressenteich**. Für mich ist dies der romantischste Ort im ganzen Garten. Im Mai quaken die Frösche, die **Königsfarne** entfalten ihre imposanten Wedel und Sporenstände, die Wasserfläche bietet zauberhafte Ausblicke und die Luftwurzeln der **Sumpfzypressen** geben das ganze Jahr Rätsel auf. Die Botaniker nennen sie Wurzelknie. Ich halte das Spektakel allerdings für ein Werk der Elfen und Gnome.

Die grüne Fläche um die Bäume ist vollständig bedeckt von einem winzigen Schwimmfarn (**Großer Algenfarn**, *Azolla filiculoides*). Die Teichoberfläche sieht aus, als könnte man drüber laufen. Wenn Sie es tun, liegen Sie natürlich drin! Die Blätter des Algenfarns sind unbenetzbar und sehen in Nahaufnahme (mal auf den Steg legen und eins rausnehmen) bezaubernd filigran aus.

Der **Algenfarn** lebt in Symbiose (freie Übersetzung: gegenseitige fruchtbare Zusammenarbeit) mit Bakterien, die den Luftstickstoff binden können. Dadurch sind die Pflanzen sehr eiweißreich und werden zum Beispiel in chinesischen Reisfeldern als Gründüngung eingesetzt. Beim Austrocknen des Teichs bildet der sonst auf dem Wasser schwimmende Farn Landblätter aus! Auf den Baumwurzeln am Rand des Teiches befindet sich eine interessante Algenfarn-Oberflächenschicht. Ursprünglich kommt der Algenfarn aus Südamerika. Bei uns am Oberrhein gefällt es ihm in der Wildnis allerdings auch schon und dort kann man ihn zurzeit als Neophyt (Neubürger mit Migrationshintergrund) begrüßen.

Im Herbst besticht der Teich durch ein rot-goldrotes Licht: Dann färben sich die **Sumpfzypressen** kupferfarben und werfen ihre Nadeln ab. Die Bäume stammen ursprünglich aus Florida, kamen aber bis vor ca. zwei Millionen Jahren auch bei uns vor. Die Überreste sind heute noch bei uns, als Braunkohle.

Auf dem Teich findet sich unter anderem die **Kleine Wasserlinse** *(Lemna minor)*. Wussten Sie, dass sie als Gourmetgemüse in holländischen Gemüsetheken angeboten wird? Dass sie als Viehfutter verwendet wird und dass sie auch für uns als Zukunftsgemüse taugt mit einem Eiweißgehalt von 35 Prozent? Das ist eine Sensation, kommen doch Fleisch und Fisch nur etwa auf die Hälfte. Außerdem ist sie reich an Spurenelementen und damit ein gesundes Nahrungsmittel, auch für uns. Im Internet findet man bei Chefkoch.de sogar schon Rezepte dazu, zum Beispiel Wasserlinsenpüree: Zwiebeln anbraten, Wasserlinse dazu, mit etwas Wasser 20 Minuten kochen, dann mit Sojasauce abschmecken, pürieren. Ich hab sie schon roh im Salat gehabt. Knackig wie Eisbergsalat!

Ich habe extra so viel über den Teich geschrieben, damit Sie möglichst lange hier bleiben und Kraft tanken. Für mich ist hier der schönste, romantischste und kraftvollste

Ort des ganzen Gartens. Aber nicht da, wo die Bank steht, sondern auf dem Steg. Probieren Sie es mal aus.

Wandern Sie nun gemächlich in Richtung Tropenhaus. Sie gelangen durch Landschaften, die es bei uns bis vor zwei Millionen Jahren gegeben hat, sowie durch eine romantische Bachlandschaft und bunte Zier-Blumenbeete.

Nun können Sie sich dem Tropenhaus zuwenden. Ziehen Sie vorher alle Jacken aus, und nehmen Sie Ihre Brille ab. Beim Fotografieren bekommen Sie hier schon genug Weichzeichner-Effekt gratis!

Im Haus erwartet Sie ein Regenwald mit verschiedenen „Etagen": hohe Bäume, mittelhohe Bäume, Sträucher, eine dunkelgrüne oder buntblättrige Krautschicht und „Aufsitzer-Pflanzen". Letztere möchten sich die Welt von oben anschauen und sitzen auf den Bäumen. Dunkle Blätter in den unteren Etagen sind notwendig, weil man da unten einfach nichts zu lachen, bzw. eben auch kein Licht hat. Und dann muss man besonders viel Chlorophyll – und das ist eben grün – erzeugen, um dort überleben zu können. Manche Blätter erscheinen fast schwarz! Diese Regel können Sie auch bei Ihren Zimmerpflanzen beobachten: Panaschierte Pflanzen (weiß-grün gescheckt) werden dunkler, wenn Sie die in eine schattige Ecke verbannen. Je heller die Blätter einer Pflanze sind, desto eher ist sie für einen lichten Standort geeignet. Apropos Zimmerpflanzen: Viele Tropenhaus-Bewohner werden Ihnen irgendwie bekannt vorkommen, denn sie ähneln unseren Zimmerpflanzen. Tatsächlich stammen viele davon ursprünglich aus den Tropen. Die Bedingungen dort (warm und dunkel) entsprechen nämlich oft genau unserem Wohnzimmer-Kleinklima. Nur mit der Luftfeuchtigkeit hapert es in unseren Wohnungen etwas, weswegen die Pflanzen im Tropenhaus viel besser und kräftiger aussehen als zum Beispiel bei mir zu Hause.

Viele der Bäume und Sträucher haben „Träufelspitzen", also kleine Spitzchen an den Blättern, die bewirken, dass

der tägliche Regen schön wieder vom Blatt abfließt und nicht als See drauf stehen bleibt, in dem sich bei der feuchten Tropenhitze sonst leicht Pilze ansiedeln könnten. Da sich diese Blattform so bewährt hat, sehen viele Tropenbäume, was die Blattform angeht, gleich aus. Eine Baumbestimmung nur anhand der Blattform, wie es bei uns in Deutschland so leicht möglich ist, können Sie in den Tropen vergessen.

Die Epiphyten oder Aufsitzer-Pflanzen, die in den oberen Etagen die Sonne genießen, mussten sich etwas einfallen lassen, denn da oben mangelt es an fruchtbarer Erde. Wie kommen sie überhaupt an Nährstoffe? Der **Hirschgeweihfarn** macht sich selbst einen Blumentopf aus braunen Blättern, in dem sich der ganze Kompost von oben sammelt, also Blätter von Bäumen, tote Käfer, Hinterlassenschaften von Vögeln. Aus Sicht der Pflanze die beste und fruchtbarste Vollwertkost. In diesen Morast senkt sie ihre Wurzeln.

Bild o.l.: Tatsächlich: ein Zebra im Tropenhaus!

Bild o.r.: Die Kannenpflanze frisst Fliegen

September – Tour 27 § 293

Andere, die rosettig wachsen wie die **Zebrapflanze**, schicken Wurzeln in die Rosette zwischen die eigenen Blätter, denn zwischen ihnen sammeln sich ebenfalls wie in einem Topf Wasser, altes Laub und Insekten. Drittens könnte man sich aufs Fleischfressen verlegen, und tatsächlich gibt es in den oberen Etagen zum Beispiel die **Kannenpflanzen**, die mit dem Duft und der rot-glänzenden Farbe des Kannenrandes Fliegen anlocken, den Rand aber dann so glitschig machen, dass die Fliegen hineinfallen und von der Verdauungsflüssigkeit in kleine nahrhafte Häppchen zerlegt werden.

Vielleicht fallen Ihnen im Tropenhaus die **Mangroven** auf, deren Luftwurzeln bogig nach unten wachsen. Mit ihrer Hilfe können sie auch in stürmischer Brandung an den tropischen Küsten ihre Standfestigkeit bewahren. Hier im ruhigen Becken machen sie die bogigen Wurzeln nur für uns. Zum Staunen …

Hier finden sich auch diverse Nutzpflanzen wie **Tee**, **Kaffee**, **Kakao** und **Pfeffer**, die aber die meiste Zeit nicht ihre Blüten oder Früchte tragen.

Wer hier nicht zu übersehen ist, ist allerdings der **Riesen-Bambus**. Er hat es ins Guinessbuch geschafft, denn er gehört zu den Gräsern und liefert die größten Grashalme der Welt, mit einem Wachstum von 45 Zentimetern pro Tag! Sie sind so stabil, dass sie zum Bau von Häusern und Brücken verwendet werden. Schließlich heißt der Riesenbambus ja auch *Dendrocalamus giganteus*.

Nachdem Sie das Tropenhaus besucht haben, können Sie noch die Wüsten- und Savannenhäuser abklappern. Jetzt bekommen Sie schon meine volle Hochachtung, weil Sie noch immer nicht unter Reizüberflutung leiden, wie ich allein nach der Vielfalt im Tropenhaus immer schon.

Riesenkakteen und die ominösen „**lebenden Steine**" in einem Schaukasten sind die Sensationen hier.

Nun gehen Sie erst mal am Tropenhaus geruhsam zur Toilette. Und dann rechts neben der Toilette die Treppe

Bild o.l.:
Die lebenden Steine. Wie viele davon sind lebendig?

Bild o.r.:
Riesen-Seerosen-Teich

hinauf. Vielleicht haben Sie das Glück, noch eine **Lotosblume** zu sehen. Nun, die Lotosblume hat mit ihren wasserabweisenden Blättern unseren Technikern die Idee für den „Lotuseffekt" gegeben. Prof. Barthlott hat mit Hilfe dieser Entdeckung wasserabweisende Fliesen, Farben und Textilien entwickelt. Vielleicht sehen Sie noch eine Blüte, die ich überirdisch schön finde. Aber nicht nur ich! Sie ist den Hindus heilig, und nicht umsonst sitzt ja auch Buddha im „Lotussitz" auf ihr! Sie spiegelt in der östlichen Philosophie das Leben wider: Sie wurzelt im Schlamm, steigt aus ihm empor, durchwächst dabei das reinigende Wasser, um dann das Licht zu erreichen. Ein Symbol der Reinheit! Frage: Ist deshalb die trockene Frucht, die überbleibt und die Sie vielleicht aus weihnachtlichen Trockenblumen-Gestecken kennen, geformt wie ein Duschkopf? Der Teich, in dem sie steht, ist viereckig und aus Beton, Gelsenkirchener Barock eben. Ich finde, absolutes Understatement für die schönste Blume der Welt! Das haben Sie aber dank der göttlichen Blume gar nicht bemerkt, oder?

Gehen Sie nun durch die Doppeltür in die Anzuchthäuser. In das erste große Glashaus mit dem Wasserbecken rechts dürfen Sie hinein. Hier erwartet Sie eine Sensation! Die *Victoria regia*, die größte **Seerose** der Welt, ein ganzer Teich voll. Ich habe für ein Foto einen Euro aufs Blatt ge-

Bild o.l.:
Eisenkraut, im Vordergrund, zartrosa, nur oberflächlich harmlos! In Lila-Blau dahinter die traumhaft schöne *Tibouchina*.

Bild o.r.:
Im Garten gibt es eine Fuchsiensammlung. Sollten Sie die im Blumenkasten zu Hause haben, probieren Sie einmal die Blüten.

legt, zum Größenvergleich. Und bald blüht sie! Ich mag mir gar nicht ausmalen, wie groß die Blüten dann sind.

Haben Sie die Sensation verdaut? Dann geht es weiter auf dem Gang nach rechts. Durch die Glasscheiben können Sie **Riesenfarne** und Nebelwald-Pflanzen bewundern. In die meisten Gewächshäuser darf man leider nicht hinein. Wenn Sie den langen Gang weitergehen, belohnt Sie ein Schaukasten voller blühender **Orchideen**. Über Orchideen wage ich mich gar nicht auszulassen, denn wild gibt es allein schon 27.000 Arten, dazu noch 50.000 gezüchtete. Einige großblütige können Sie hier bewundern.

Am Ende des Ganges erwarten Sie in einem Schaukasten noch die Fleischfresser.

Nun denken Sie, draußen wären die Artenmassen weniger? Weit gefehlt! Unterhalb der Gewächshäuser werden Sie von Blütenmassen erwartet, dahinter vom Alpinum, einem mit Bruchsteinen am Hang wunderschön angelegten riesigen Areal mit so vielen Arten aus den Gebirgsregionen der ganzen Welt, dass ich die Begegnung damit für einen zweiten Tag aufspare.

Unterhalb des Alpinums begrüßte mich im September 2014 ein neu angelegtes herrlich buntes Blumenbeet. Hier wächst das **Eisenkraut**, DAS Männerkraut, welches Männern Charme und Charisma gibt. Zumindest behaupten das die alten englischen „herbalists", die Kräuterkundigen, die sich auch mit Elfen auskennen. Dazwischen bunte Blüten, davor Fotografen, männliche ...

Ruhigere Ecken für die, die jetzt genug gesehen haben, gibt es im unteren Bereich des Gartens. Dort sind einige viereckige Teiche, in denen Sie einem Froschkonzert lauschen können. Meist sitzen einige Menschen auf den Bänken daneben und lauschen andächtig. In der Nähe befindet sich die Sammlung der **Fuchsien** und die Sammlung der **Dahlien**. Im Herbst blühen hier Dahlien-Zuchtformen in allen Größen und Farben. Kennen Sie das Buch von Martina Kabitzsch „Blütenmenüs" (Ostfildern 2009)? Dann könnte Ihnen einfallen, dass Sie die Blüten essen und ein fünfgängiges Dahlienmenü zaubern können. Natürlich nur mit Blüten aus Ihrem eigenen Garten! Aus eigener Erfahrung: Sie schmecken süß-herb und alle Farben unterschiedlich. Ursprünglich kommen sie aus Mexico und Guatemala mit 35 Arten. Heute sind mehr als 350 Zuchtsorten bekannt.

Nun können Sie zur Beruhigung der Sinne den Rückweg durch die untersten Bereiche des Gartens antreten. Hier denken Sie vielleicht: „Wieso Garten, hier sieht es doch so aus wie im Wald bei mir um die Ecke!" Genau. Hier werden verschiedene Waldtypen nachgeahmt, damit die Biologie-Studenten

Bilder Seiten 297 und 299:
Dahliensammlung

(und Sie) die natürlichen Lebensräume vor Ort erkunden können. Und um nach der Vielfalt eine angenehme schattige Ruhe zu verbreiten.

Auf meinen Spaziergängen nehme ich mir immer nur wenige Ziele vor, da ich in diesem Garten immer noch, nach so vielen Jahren und so vielen Besuchen, unter Reizüberflutung leide. Das Gelände beherbergt mehr als 14.000 verschiedene Arten. Zum Vergleich: Wild in Deutschland vorkommende Arten haben wir nur wenige Tausend.

Nun fragen Sie sich, wieso ich die Zahl der in Deutschland vorkommenden Arten nicht genauer angeben kann. Je nachdem, wie viele Unterarten ich mit einrechne oder wie viele Neubürger oder solche, die nur mit Lkw oder Zügen auf der Durchreise sind, kommt man auf sehr unterschiedliche Zahlen. Soll ich das Bubiköpfchen, das jemand auf seinen Garten-Komposthaufen geworfen hat, das sich dann auf Bochumer oder Kölner Innenstadt-Flächen ausgebreitet hat (ja wirklich, habe ich selbst gesehen bei Exkursionen mit dem Bochumer Botanischen Verein), mitzählen oder nicht? Oder die **Tomatenpflanzen**, die aus Samen nach einem gesunden Picknick am Ruhrufer dort gekeimt sind? Da haben Sie das Dilemma. Ich weiß also nicht, wie viele Arten. In den gängigen Bestimmungsbüchern sind es ca. 2000, wenn man nicht die unzähligen Unterarten der **Brombeeren**, **Löwenzähne** oder **Weiden** mitzählt …

Die Gartenfläche des Botanischen Gartens umfasst 14 ha Freiland und 5000 qm Gewächshäuser. Das reicht für mehrere Besuche. Und zu verschiedenen Jahreszeiten. Viele Pflanzen sind beschildert, so dass Fachleute hier ganz auf ihre Kosten kommen. Allerdings machen die Pflanzen manchmal, was sie wollen, und kommen auch schon einmal einen Meter neben dem Schild aus dem Boden. Ein wenig Kenntnis, zu welcher Familie oder Gattung eine Pflanze gehören könnte, ist also ganz hilfreich.

Überall im Garten können Sie Hobby-Botaniker mit teurer Foto-Ausrüstung treffen, die gerade wieder eine blühende Seltenheit ablichten. Ich habe einmal einige gefragt, was sie da so ablichten. Einer sammelte **Küchenschellen** (das sind Blumen!), der nächste **Anemonen**, der dritte seltene **Pilze**.

Den Botanischen Garten Bochum mit all seinen Wundern zu beschreiben würde wohl mehrere Bücher füllen, und Führungen dadurch würden Stoff für viele Tage bieten. Oder eben ein jahrelanges Biologiestudium. Ich habe ja hier studiert und diesen Garten immer sehr genossen, bewundert, mich an seiner Vielfalt, Schönheit, Buntheit erfreut, mich in den Pausen mit Energie für die schwierigen Theorie-Vorlesungen aufgetankt, lateinische Pflanzennamen gelernt und mehr als einmal die Gärtner draußen und in den Gewächshäusern mit Fragen gelöchert. Falls Sie einen Gärtner treffen, fragen Sie doch ruhig! Hier ist immer jemand mit Sachkenntnis vor Ort. Einer hat mir erzählt, dass er bei sich zu Hause im Garten Kiwis erntet, der andere sammelt **Orchideen**, der dritte bringt Pflanzen von den Kanaren für die Züchtung im Gewächshaus mit.

Auf Anfrage finden für Gruppen Themenführungen statt. In den Gewächshäusern können Sie zwei Bücher erwerben, die Sie in die Geheimnisse der hier vorkommenden Pflanzen einweihen. Auf der Webside können Sie ebenfalls in die Flora der Welt eintauchen: In wunderbaren Pflanzenportraits werden Exoten und Einheimische vorgestellt: www.boga.ruhr-uni-bochum.de

Oktober

Wie ich in Essen eine neue Pflanze entdeckte

Bei meiner ersten Kräutertour in Essen am „Bootshaus Ruhreck" entdeckte ich eine mir unbekannte Pflanze. Das ist nun nichts so Außergewöhnliches, entdecke ich doch in jedem Urlaub mehrere davon, aber in Essen?

An einer Ruhrwiese, etwas abseits des stark befahrenen Ruhrtal-Radweges, ist ein breit angelegter neu geschotterter Weg neben dem Wassergewinnungsgelände (Nähe Gaststätte Bootshaus Ruhreck, Langenberger Straße 1).

Flächendeckend wächst dort eine große Pflanze mit vielen kleinen Schötchen. Verflixt, warum kenne ich die nicht? Große spitze Blätter, bis zu 40 Zentimeter lang, die in einer Rosette stehen. Könnte man auf den ersten Blick mit Nachtkerzen verwechseln – oder sind das besonders groß geratene Löwenzahnrosetten? Die Stängelblätter sind dann auf einmal fiederteilig, ähneln also etwas dem Löwenzahn. Aber nein, alle Blätter sehen unterschiedlich aus. Wie faszinierend! Ich beschließe spontan, sie schön zu finden.

Wie es so meine Art ist, biss ich erst mal herzhaft rein. Bitte tun SIE das aber niemals! Einfach so in ein unbekanntes Kraut beißen, meine ich. Es könnte ein Fingerhut sein. Oder ein tödlicher Eisenhut!

Auch ich hätte das besser nicht getan. Uih, das brannte aber! Senfig-scharf. Die Absolventen meiner Kräuterkurse dürfen nun raten, welcher Pflanzenfamilie dieses „Schötchen" angehört. Ja, ein Kreuzblütler, senfiger ging es nicht. Also in Zukunft: Die älteren Blätter unseres Schätzchens nur in atomgroßen Spuren benutzen, zum Beispiel für die Honig-Senf-Sauce. Übrigens eine herrliche Sauce für Wildkräutersalate.

Bild Seite 300:
Reife Ebereschenbeeren

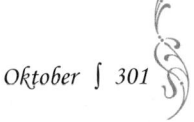

Bild o.l.:
Orientalisches Zackenschötchen

Bild o.r.:
Die Blätter des Zackenschötchens, die unteren sind lanzettlich geformt, die folgenden fiederteilig mit einem dreieckigen Endlappen.

Ich wusste immer noch nicht, was das ist, zumal die Schötchen fremd aussahen, einen Schnabel hatten (wie niedlich!) und ich die Blütenfarbe nicht mehr bestimmen konnte, weil die Pflanze schon verblüht war.

Nach einigen Recherchen stellte sich raus: Es war das bei uns noch relativ seltene **Orientalische Zackenschötchen** (wer erfindet so herrliche Namen?), war aber gar nicht so niedlich, nämlich bis 1,50 Meter hoch, und wucherte den gesamten Wegrand zu. Es blüht übrigens gelb und die Schötchen haben ganz niedliche winzige Schnäbel oder Nasen. Auf lateinisch: *Bunias orientalis*.

Im Internet fand ich dann gleich zur Bestimmungshilfe die Bekämpfungstipps.

Das Kraut breite sich aggressiv aus, werde zur Staude und überwuchere alles, hauptsächlich an Störstellen. Man solle es vor der Blüte schneiden, am besten ausgraben, zur Not würden Pestizide helfen. Nennt man das „Übertragung" in der Psychologie? Die Pflanze ist „schuld?"

Ich habe mir ja vorgenommen, über JEDE Pflanze etwas Positives zu sagen, da das Wort „Schädling" und die Vorsilbe „Un-" eine Erfindung des Menschen ist. Hier die positive Seite: Blühende **Zackenschötchen** sind eine wunderbare Bienenweide, die Blüten und Blätter ein schmackhaftes senfiges Gewürz. Die jungen Sprosse sind nicht so scharf, sie können wie Gemüse gekocht werden. Die Wurzel ist allerdings superscharf und kann wie **Meerrettich** genutzt werden. Leider ist an den Wurzeln aber nicht viel dran. Wenn ich geschäftstüchtiger wäre, würde ich es als super-seltenes Gourmet-Gemüse an Feinkostläden verkaufen.

Wie der Zufall so spielt, fand ich das „Gourmetkraut" (!) gleich im Dreschflegel-Katalog, als ich mir dort Samen bestellen wollte. Dreschflegel bietet biologisches Saatgut mit vielen alten Gemüse- und Kräutersorten an (siehe Anhang).

Auch das Zackenschötchen ist im Angebot. Als „ausdauernde Salatpflanze. Ersternte im März, dann etwa alle zwei Wochen. Verwendung roh (scharfer Geschmack) oder gedünstet (deftiger Geschmack, ähnlich Grünkohl). Im Juni Verwendung der noch knospenden Blütenstände wie Brokkoli ..." So ein Schätzchen! Saatgut für zehn Pflanzen kostet 1,90 Euro. Holen Sie sich doch an der Langenberger Straße ein paar Samen. Man soll allerdings darauf achten, dass sie im eigenen Garten bleiben, denn sonst gibt es Ärger mit den Nachbarn. Die möchten möglicherweise keinen selbst gezogenen **Brokkoli**-Ersatz auf ihren Beeten.

Knoblauchsrauke-Blätter: Die großen, rundlichen, saftigen Blätter schmecken im Frühjahr herrlich nach Knoblauch

Neben dem Zackenschötchen gab es im Katalog übrigens noch mehr Wildkräuter aus der Kreuzblütler-Familie mit Senfgeschmack zu kaufen: die **Wegrauke** *(Sisymbrium officinale)*, die ansonsten so sparrig wächst, dass früher Besen aus dem Strunk gemacht wurden, und die **Knoblauchsrauke** *(Alliaria petiolata)*, die von allen geliebt wird, die sie einmal gekostet haben. Endlich werden die Wilden, die auch bei uns überall vorkommen, wieder in den Stand eines auch im Garten hoch angesehenen Krautes gehoben!

Sollten Sie nun gerade am Bootshaus stehen, den scharfen Geschmack des Zackenschötchens noch im Mund und auf der Suche nach sanfteren Geschmäckern, mit denen Sie die Schärfe verdünnen können, dann wandern Sie doch den Ruhrtalradweg ruhraufwärts oder ruhrabwärts: Begleitet werden Sie von knackiger **Vogelmiere** und **Knoblauchsrauke**, von zartem **Franzosenkraut**, **Giersch** und Taubnesseln, alles mit neutralem saftigem Geschmack.

Aktuell im Oktober ernten

Hopfendolden, überall an der Ruhr

» **Hopfen**dolden, als Schlaftee und Östrogen-Ersatz in den Wechseljahren
» **Holunder**beeren, **Brombeeren, Kornelkirschen, Späte Traubenkirschen** (letztere zum Beispiel in Herdecke an der Ruhr vor dem Zweibrücker Hof oder in Hattingen, neben Landhaus Grum), etwas herb, zum Zumischen zu anderen Konfitüren
» Die **Eiben**beeren, den Kern muss man aber unbedingt ausspucken, denn außer dem klebrig-süßen roten Fruchtring ist alles an der Eibe giftig
» Samen für die Aussaat: **Calendula, Mädesüß, Engelwurz**
» Die Blüten des **Topinambur** in die Vase stellen. Ohne Blüten gibt die Pflanze die ganze Kraft in die Knollen und die werden noch dicker.

Topinamburblüten

» **Maronen, Haselnüsse, Baumhaselnüsse, Bucheckern, Kastanien** ...
» Immer noch **Minze, Wilden Dost** (für „Gute-Laune-Tee" mit Super-Duft, auch für Hustentee), **Wasserdost** (für die Immunsystem-Kur als Tee über drei Wochen)

Mädesüßsamen, sehen aus wie Schnecken!

**Jetzt schon an Weihnachten denken:
Holunder-Schoko-Fruchtschnitten**
Eine einfache, schnelle und preiswerte Süßigkeit zum Selbermachen geht so:

1 kg Holunderbeeren (abgezupft) und 1 kg Zucker mit dem Saft von 2 Zitronen kochen. Diese Mischung kocht man unter ständigem Rühren so lange, bis sie eindickt. Das war bei mir nach ca. 35 Minuten.
Dann entweder: a) Auf ein mit Backpapier ausgelegtes Backblech streichen, erkalten lassen. Die Masse wird in kurzer Zeit fest. Dann in Stücke schneiden und mit Backschokolade überziehen.
Oder b) sofort kleine Mengen in Pralinenförmchen füllen, denn beim Schneiden erweist sich die Gourmetspeise als ziemlich klebrig.

Warum nicht auch einmal eine leckere Dahlienblüte zum Kaffee anbieten?

Sie hat bei der letzten Kräutertour schon den Geschmackstest bestanden: „Hmmm!" Lässt sich in geschlossenen Dosen kühl gestellt bis Weihnachten aufbewahren. Falls sie nicht vorher genascht wurde …

Rezept Kornelkirschen-Konfitüre

Kornelkirschen sind im Oktober reif. Sie sind in vielen Städten in Stadtparks zu finden. In Bochum-Stiepel stehen zehn Pflanzen am großen Parkplatz an der Dorfkirche (Gräfin-Imma-Straße 212). Wenn man die Gräfin-Imma-Straße reingeht, stehen ca. 200 Meter vom Parkplatz entfernt noch einmal vier Sträucher.

Folgendes Rezept wurde vorgekocht von Bernd A. Fischer, Baum-Sachverständiger aus Wetter, der immer auf der Suche nach neuen leckeren Rezepten von Baumfrüchten ist. Ich hab ein Glas geschenkt bekommen: Sehr lecker!

Bild o.l.:
Herbsternte:
Obere Reihe: Kastanien, Bucheckern, Maronen.
Untere Reihe: Baumhaseln, Haselnüsse von einer Bluthasel (unten) und der normalen Hasel

Bild o.r.:
Eibenbeere

Habe gerade meine letzte freie Portion Kornelkirschen-Konfitüre (was nicht mehr ins Glas ging) verputzt, ist nur etwas Arbeit beim Zubereiten und bedarf der richtigen Beimengung einer wichtigen Zutat: einer Birne.
1,5 kg Kornelkirsche gibt nach etwa einer halben bis dreiviertel Stunde Kochzeit 750 g Kornelkirschen-Püree (durch ein Sieb streichen, damit die Kerne zurückbleiben), sodass noch eine Birne zu 250 g mit hineinkommt. Je nach Laune und Geschmack dann Einmachzucker 1:1 oder 2:1 dazugeben, aufkochen und ab ins Glas damit. Die Birne nimmt dem Ganzen die adstringierende Säure und gibt einen feinen Beigeschmack.
Bernd A. Fischer

Kornelkirschen in meiner Lieblingsfarbe

Tour 28

Bochum: Pilzwunderwelt und Baumschönheiten im Weitmarer Holz

ⓘ Von der Stiepeler Dorfkirche kommend auf der Brockhauser Straße links abbiegen. Unter der Koster Brücke durch auf die Blankensteiner Straße.
200 Meter hinter der Brücke an der Blankensteiner Straße parken, dann links in die nicht mit Autos befahrbare Rauendahlstraße hineingehen, auf die Pferdekoppel zu. Dieser Teil der Rauendahlstraße gehört zum Ruhrtalradweg. Nach 100 Metern auf der Rauendahlstraße, etwa gegenüber der Pferdekoppel, rechts den schmalen Waldpfad bergauf in den Wald. Diesem folgen Sie ca. 500 Meter und gehen die „zweite rechts" hinein, immer weiter bergauf, dann irgendwann wieder rechts. So kommen Sie auf einem Rundweg wieder zur Blankensteiner Straße zurück. Danach Kaffee und Pizza im Restaurant Waldhaus, Am Bliestollen 44, fast mitten im Wald, urig!

Junge Austernseitlinge an toten Baumstämmen

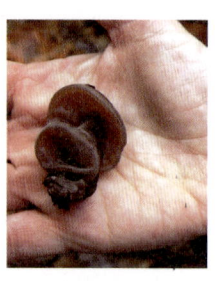

Judasohr an altem Holunder, sieht spektakulär aus, schmeckt in der Pfanne nach ... nichts

„Das Weitmarer Holz ... zählt mit Sicherheit zu den schönsten Naherholungsgebieten der Revierstadt Bochum", schreibt Achim Nöllenheidt in „RuhrKompakt". Finde ich auch! Der Baumbestand umfasst 80 Hektar und ist alt, interessant, zum größten Teil Laubwald und wartet an vielen Stellen mit totaler Stille auf! Kein Autobahngetöse, kein Zug zu hören, kein städtischer Lärm. Vor dem Jahre 2007 war es dort noch schöner. Im Jahr 2007 und im Juni 2014 wüteten dort extreme Stürme, die einige der Baumriesen umgerissen haben. Immer noch sieht man abgerissene Äste herumliegen oder gespaltene Baumstämme. Darüber freuen sich nun wieder die Pilzliebhaber!

Herbststimmung

Hier gibt es Trimm-dich-Wege, Reitwege, ein Wildschweingehege.

Mein Lieblingsstück, wo die meisten urigen Bäume und die meisten Pilze wachsen, ist direkt am Steilhang, der zur Ruhr schaut. Es ist der wildeste und interessanteste Teil des Gebietes.

Der Waldpfad bergan von der Rauendahlstraße aus lockt schon am Eingang rechts und links mit Baumgestalten urigster Art. Kein Wunder, denn an so einem Steilhang ist kein Forstbetrieb möglich. Die Bäume können endlich einmal ihre selbst gewählten Wuchsformen ausleben! Viele Rundwege führen durch den Wald oder auf eine Lichtung. In halber Hanghöhe immer etwa parallel

Oktober – Tour 28 ∫ 307

Zauberlicht im Weitmarer Holz

zum Ruhrradweg können Sie ruhrabwärts Richtung Hattingen durch den Wald wandern, ca. zwei Kilometer weit, dann hangabwärts geradeaus weiter und auf dem Ruhrradweg zum Ausgangspunkt zurück. Oder wie oben beschrieben den kleinen Rundweg immer rechts herum.

Hier ist um diese Zeit ein Pilz-Paradies! Auf dem Waldboden, an verschiedensten Baumarten, an alten verrottenden Bäumen. Viele verschiedene Standorte für viele verschiedene Pilze! Über 120 Arten werden hier von den Pilzexperten des Bochumer Botanischen Vereins jedes Jahr gefunden. **Hallimasch**, **Austernseitlinge** und **Stockschwämmchen** kann man essen. Hier gibt es aber auch urigste Schätzchen wie den **Teuerling**, der in einem ein Zentimeter großen Becherchen kleine „Münzen" aufbewahrt. Er wächst auf alten **Brennnessel**stängeln, und zwar besonders in nassen Jahren, dann wird's nämlich teuer. Welch praktisches Pilz-Orakel!

In der Nähe eines kleinen Pavillons auf halber Hang-Höhe steht ein Baum mit Tiergesichtern aus aller Herren Länder. Ein Zauberwald!

Ein anderer Zugang, der eher mitten in das große Waldgebiet führt, geht vom Parkplatz zwischen Restaurant Forsthaus und Restaurant Waldesruh an der Blankensteiner Straße aus. Dieser Teil ist der ordentlichere, aber genauso pilzreich.

Der Tiergesichterbaum

Nebelnovember

November

Rätsel

Gehen Sie mal mit der Nase an den Boden. Was sehen Sie?

Die Auflösung folgt am Ende des November-Kapitels.

Tour 29

Sprockhövel: Bachtal-Romantik am Paasbach

 Parken auf dem Wanderparkplatz Otto-Brenner-Straße 100, kurz vor dem IG-Metall-Bildungswerk

Vom Parkplatz aus gehen Sie Richtung Bildungswerk und dann rechts in den Wald. Das Schild verkündet, dass der Wanderweg 1,9 Kilometer lang ist. Das gesamte Gelände ist Naturschutzgebiet. Sie dürfen also nur gucken! Zu jeder Jahreszeit, in der ich diesen Rundgang abgegangen bin, brauchte ich Gummistiefel. Und jedes Mal hab ich die herrlich-gemäldeartige Wildnis genossen!

Sofort nach Eintritt in den Wald umfängt Sie eine romantische Stimmung: ein gewundener Weg, alte knorrige

Die Knorries vor dem Rohrkolben-Sumpf

Bild o.l.:
Den nennt man auch „Die Nase"

Bild o.r.:
Der Wald hat noch mehr Nasen

Bäume und die Frage, wie es hinter der nächsten Biegung wohl weiter geht. Laut Rainer Brämer, Dozent am Institut für Wanderforschung, sind es genau solche Wege, die uns am besten gefallen und die unserer Gesundheit am dienlichsten sind! Spannend, abwechslungsreich, voll natürlicher Ästhetik! Hier finden Sie die verschiedensten Landschaftsformen, mal Wald, mal Wiesen, mal Schatten, mal Sonne, mäandrierende Bäche, ruhige Gewässer, weite Ausblicke, sumpfige Wiesen … Klingt doch so, als hätte ich eine Tour im Allgäu beschrieben, oder? Und all das auf diesen nur 1,9 Kilometern.

Nach den ersten 200 Metern auf dem Rundweg begegnen Sie rechts einigen knorrigen Baumgestalten. Natürlich sind es **Hainbuchen**.

Nur die Hainbuchen sind so individuell und gucken in der Gegend rum. Der Blick geht von dort auf einen Teich bzw. je nach Wasserstand eine Sumpfwiese, die im Frühling voller **Brunnenkresse** ist und auch **Rohrkolben** und **Binsen** beherbergt.

Frischer Novembersalat: Vogelmiere

Wenn Sie im Wald weiter gehen, gelangen Sie auf eine Wiese. Dort sehen Sie links den Kahlschlag, der im Sommer mit einer Wucht der Farbe Lila betört. **Fingerhut**, so weit das Auge reicht. Rechts am Wegrand wachsen **Brennnesseln, Kletten-Labkraut** und **Löwenzahn**, ja, auch im November noch! Und die **Vogelmiere**, die ja sogar unter Schnee noch blüht.

Der Weg führt weiter in den Wald hinein und über eine Brücke über einen mäandrierenden Bach. Dies ist eine der schönsten Ecken an diesem Weg. Am Bach haben die Bäume knorriges Wurzelwerk entwickelt. Um diese Zeit schwimmen an den ruhigeren Bachstellen die bunten Blätter auf dem Wasser. Falls Sie also gerade ausruhen und meditieren möchten: Am Bachufer mit einer wasserdichten Sitzunterlage ... Aber Vorsicht! Dies ist auch ein Hundeweg, und wenn Sie nicht aufpassen, werden Sie vielleicht gleich eine nasse Hundeschnauze im Gesicht haben.

Von hier aus können Sie verschiedene Wege wählen. Links herum führen sie alle wieder zum Bildungswerk zurück. Wenn Sie von hier ganz links weitergehen, gelangen

Sie zu einigen Feuchtwiesen, die im Herbst eine reiche Krautflora tragen. Flächendeckend wächst hier das **Drüsige Springkraut**, der **Wiesen-Bärenklau**, die **Wald-Engelwurz**, **Sauerampfer** und **Spitzwegerich**.

Auf dem weiteren Weg kommen Sie wieder über eine Brücke, dann zu zwei angelegten Teichen am Bildungswerk, wo leider auch die **Herkulesstaude** wächst, und von da zurück zum Parkplatz.

Pflanzenliste, wenn man die Tour im Mai macht:

Direkt am Parkplatz sind gegenüber Linden, deren Blätter Sie einmal probieren sollten. Tauglich für jeden Salat! Daneben steht die Weiße Taubnessel, auch lecker! Im Wald: Nelkenwurz, Hexenkraut. Am ersten Wiesenstück: Brennnessel, Kletten-Labkraut, Löwenzahn, Scharbockskraut, vereinzelt Walderdbeeren, Wiesenschaumkraut, Sauerampfer, Stumpfblättriger Ampfer, Sauerklee. In der Nähe der ersten Bachüberquerung flächendeckend Scharbockskraut. Der Waldboden ist übersät mit Keimlingen vom Spitzahorn.

Die Feuchtwiesen zwischen den beiden Bachüberquerungen beherbergen Sauerampfer, Stumpfblättrigen Ampfer, Spitzwegerich, Drüsiges Springkraut und Wiesen-Bärenklau. An der zweiten Brücke finden sich Goldnessel und Sauerklee, auf der Feuchtwiese dahinter auch Sumpfdotterblumen und Kriechender Günsel. An der Feuchtwiese in der Nähe der zwei angelegten Teiche direkt am Bildungswerk wächst Huflattich in Mengen, Binsen und Giersch in Gigantismus-Größe, am Teich Herkulesstaude und Iris.

Auflösung des Bilderrätsels

Welche Blätter sehen Sie? In der Mitte Eichen, links oben in Dunkelbraun ein Spitzahorn-Blatt, links unten ein gelbes Hainbuchenblatt, der Rest in Kupferbraun mit glattem Blattrand: Rotbuche.

Schnee am Kemnader See

Dezember

Dezember-Impressionen im Ruhrgebiet

Bank am Ölbachzufluss am Kemnader See (Witten)

Schnee am Viadukt in Herdecke an der Ruhr

Schnee in Sprockhövel

Tour 30

Schwerte: Baumkrebsiges und liebliche Bachtäler rund um das Lokal Freischütz

ⓘ Parken in Schwerte beim Lokal Freischütz, Hörder Straße 131, 58239 Schwerte, von dort zunächst in die Wälder hinter dem Hotel, danach vor dem Hotel die Landstraße überqueren und bergab wandern

Hotel Freischütz, direkt am Wald

Wenn Sie in den Wald direkt hinter dem Lokal Freischütz gehen, finden Sie eine gesichtsähnliche Krebswucherung an einer Weggabelung sowie diverse andere urige Baumgestalten. Wenn Sie dagegen die Hörder Straße überque-

ren und auf der andern Seite bergab wandern, gelangen Sie durch wunderschöne alte Buchenwälder an einen kleinen Bach, zu üppigen Feuchtwiesen und lieblichen Landschaften. Was ist hier so reizvoll? Alte Bäume, verschiedene Landschaftsbilder, kleine Pfade entlang eines Baches, dann wieder weite Wiesen mit einzelnen Gehöften … eine friedliche schöne Gegend zum Wandeln und Entspannen!

Bild u.:
So schön ist es hier im Herbst

Bild o.l.:
Auch hier guckt einer

Bild .r.:
Eine Krebswucherung am Baum. Oder guckt da einer? Hinter dem Freischütz an einer Weggabelung

Dezember – Tour 30 | 319

Nachwort und Vision

Nun haben wir so viele wundervolle Orte zum Träumen besucht. Ich denke, viele „Nicht-Ruhrgebietler" hätten niemals gedacht, dass es bei uns so schön ist!

Aber es gibt natürlich auch die andere Seite. Wir kommen nach dem Ausflug in die Traum-Landschaften eben auch wieder in die Innenstädte zurück, die mancherorts grau und kräuterarm sind.

Ich träume davon, dass die Menschen an ihrem Wohnort die heimischen Pflanzen wieder kennen, nutzen und in dem Sinne pflegen, dass maximal viele verwertbare Arten zu ernten sind. Dass in Zukunft vielleicht sogar an den Wild- oder Stadtstandorten durch kleine menschliche Eingriffe die Kräuterapotheke wieder vorhanden ist und sich dort jeder stets bedienen kann.

So war es früher in den Alpenregionen: Da gab es die Allmenden, allgemein zugängliche Grünbereiche in Dorfnähe, wo jeder ernten durfte und wo das Wachstum eben genau der Kräuter oder Beerenbüsche gefördert wurde, die man gerne ernten wollte: Holunder, Johannisbeeren, Himbeeren, Wildkräuter für das Vieh, für die eigene Apotheke oder den Kräutersalat. Wäre es nicht wunderbar, wenn Sie beim Spazierengehen gleich nebenan Früchte ernten könnten? Äpfel, Birnen, Maronen, Beeren, Hasel- und Walnüsse?

Teil zwei der Vision: Was nicht dort wächst, gibt es – für alle zugänglich – im großen öffentlichen Garten am städtischen Rathaus. Oder im Stadtpark. Oder wie in Mülheim-Saarn am Kloster als Komplett-Apotheke. Achtung:

Der beeindruckende Heilkräutergarten in Saarn, der Kräuter gegen alle denkbaren Zipperlein zeigt, ist aktuell nur zum Anschauen!

Ein Zukunfts-Projekt in dieser Richtung plant gerade das Herdecker Gemeinschaftskrankenhaus unter Federführung von Dr. Hans-Christoph Vahle, Dozent an der Akademie für angewandte Vegetationskunde an der Uni Witten-Herdecke: Dort sollen zwischen den Gebäuden Heilkräuter in ihrer natürlichen Pflanzengesellschaft wachsen! Das Personal kann dort Kräuter kennen lernen und die Patienten dürfen sie pflücken und sich ein Sträußchen mit ans Krankenbett nehmen.

Wäre das nicht alles paradiesisch? Wenn Ihnen das komisch vorkommt, informieren Sie sich einmal über die deutsche Stadt Andernach. Die ist auf einem guten Weg, eine echte „essbare Stadt" zu werden. Und in Witten (Projekte „Pflanz was" und „Ökodorf Ruhrgebiet"), Gelsenkirchen (ein essbarer Park im Gesundheitspark Nienhausen), Essen (Garten im Siepental) und vielen weiteren Ruhrgebietsstädten sind bereits solche Projekte im Aufbau. Im Internet findet man sie unter dem Stichwort „transitiontown". Auch in meinem Buch „Paradies in Grün" habe ich schon etliche Projekte dieser Art vorgestellt.

In der großen Hoffnung, dass Sie nun alle an meiner Zukunftsvision mitstricken, verbleibe ich mit herzlichen Kräutergrüßen

Ihre Ursula Stratmann

Anhang

Kurzanleitung: Zubereitung von Kräutern

Tee: Einen Teelöffel getrocknetes bzw. einen Esslöffel frisches Kraut (jeweils sehr klein geschnitten) mit kochendem Wasser übergießen (etwa die Menge einer kleinen Tasse). Drei Minuten (für ein durstlöschendes Getränk) oder bis zu 10 Minuten (für Heiltee) ziehen lassen. Für Heilwirkung warm, ideal nüchtern, in kleinen Schlucken trinken. Wichtig: Immer Deckel drauf, sonst verdunsten die ätherischen Öle.
Abkochung: Bei Rinden oder Wurzeln geht man vor wie beim Tee, kocht die Mischung aber 15 bis 30 Minuten.
Kaltansatz: Bei schleimhaltigen Drogen setzt man die Kräuter wie beim Tee kalt an und lässt zwei Stunden ziehen, dann kalt oder leicht erwärmt schluckweise trinken oder zu fertigen anderen Tees zumischen. So bereitet man zum Beispiel schleimhaltige Kräuter wie Malve, Eibisch oder Lungenkraut für Hustentee zu.
Tinktur: Man nehme 100 g Kraut (am besten frisch), schneide es sehr klein, mische es mit 500 ml Wodka oder Doppelkorn und lasse es drei Wochen auf der Fensterbank stehen. Das Kraut darf nicht aus der Flüssigkeit ragen, sonst schimmelt es, also am besten bis unter den Deckel mit Wodka auffüllen. Täglich 10 Mal schütteln. Dann filtere man es zunächst durch ein Sieb, danach noch durch einen Kaffeefilter und bewahre die Flüssigkeit in einer dunklen Flasche auf. In dieser Form ist die Tinktur mindestens ein Jahr wirksam. Die zu verabreichende Menge beträgt ca. 10–20 Tropfen.
Kräuterkissen: Getrocknete Kräuter werden in ein Kissen genäht, zum Beispiel Hopfendolden, Waldmeister, Rosenblüten, Honigklee zur Beruhigung und Schlafförderung.

Dazu das Kräuterkissen neben das Kopfkissen legen oder den Kopf drauf legen. Farnspitzen im Kissen lindern Schmerzen (Kissen auf die entsprechende Stelle legen), Dostkraut im Kissen lindert bei Kindern Zahn- und Ohrenschmerzen und wirkt beruhigend. Vor Benutzung wird das Kissen jeweils geknetet. Dadurch werden ätherische Öle frei gesetzt.

Heilpflanzenbäder: Für ein Bad braucht man 50–100 g getrocknetes Kraut. Entweder baut man die Kräuter dafür plantagenmäßig an oder man nimmt die großen Mengen vom Rückschnitt im Garten im Herbst und trocknet sie. Für das Bad werden sie mit ca. 1 Liter kochendem Wasser aufgegossen und 10 Minuten ziehen gelassen. Dies wird dem Bad zugefügt. Man kann aber auch ein Säckchen mit den Kräutern ins Badewasser hängen.

Cremes: Es gibt so viele verschiedene Arten und Rezepte, dass ich hier auf ein Buch verweise: Cremerezepte und andere spezielle Kräuteranwendungen findet man bei Ursel Bühring: Alles über Heilpflanzen, Stuttgart 2011.

Smoothie: Ideal mindestens die Hälfte des Ansatzes Obst, die andere Grünzeug, dazu nach Belieben Wasser. Mein Liebling: Eine Kiwi, zwei Bananen, eine Birne, ein Apfel, eine Apfelsine, evtl. noch etwas Zitronensaft. Dazu einen halben Liter Wasser und alles, was grün und essbar ist. Im Sommer grüne Kräuter, im Winter Grünkohl, Spinat, Taubnessel, Vogelmiere, Brombeerblätter.

Pflanzenliste Ruhrufer

Zwischen Bochum und Essen, gefunden vom Bochumer Botanischen Verein bei einer Kanutour 2011: *Acer negundo* (Eschen-Ahorn), *Achillea ptarmica* (Sumpf-Schafgarbe), *Acorus calamus* (Kalmus), *Alnus glutinosa* (Schwarz-Erle), *Angelica archangelica* (Arnzei-Engelwurz), *Aster lanceolatus* (Lanzettblättrige Aster), *Atriplex prostrata* (Spieß-Melde), *Bidens cernua* (Nickender Zweizahn), *Bidens frondosa* (Schwarzfrüchtiger Zweizahn), *Butomus umbellatus* (Schwanenblume), *Carex acuta* (Schlanke Segge), *Carex paniculata* (Rispen-Segge), *Carex remota* (Winkel-Segge), *Ceratophyllum demersum* (Raues Hornblatt), *Cuscuta europaea* (Europäische Nesselseide), *Eleocharis palustris* (Gewöhnliche Sumpfbinse), *Elodea nuttalii* (Schmalblättrige Wasserpest), *Epilobium hirsutum* (Zottiges Weidenröschen), *Eupatorium cannabinum* (Wasserdost), *Euphorbia cyparissias* (Zypressen-Wolfsmilch), *Fallopia japonica* (Japanischer Staudenknöterich), *Fallopia bohemica* (Bastard-Staudenknöterich), *Filipendula ulmaria* (Mädesüß), *Glyceria maxima* (Großer Schwaden), *Heracleum mantegazzianum* (Herkulesstaude), *Humulus lupulus* (Hopfen), *Impatiens glandulifera* (Drüsiges Springkraut), *Inula britannica* (Wiesen-Alant), *Iris pseudacorus* (Sumpf-Schwertlilie), *Juncus effusus* (Flatter-Binse), *Lemna minor* (Kleine Wasserlinse), *Lemna minuta* (Zierliche Wasserlinse), *Lycopus europaeus* (Wolfstrapp), *Lysimachia vulgaris* (Gewöhnlicher Gilbweiderich), *Lythrum salicaria* (Blutweiderich), *Mentha aquatica* (Wasser-Minze), *Mentha spicata* (Grüne Minze), *Mentha x verticillata* (Quirl-Minze), *Myosotis scorpioides* (Sumpf-Vergissmeinnicht), *Myriophyllum spicatum* (Ähriges Tausendblatt), *Nuphar lutea* (Gelbe Teichrose), *Persicaria amphibia* (Wasser-Knöterich), *Persicaria dubia* (Milder Knöterich), *Persicaria hydropiper* (Wasserpfeffer), *Petasites hybridus* (Pestwurz), *Phalaris arundinacea* (Rohr-Glanzgras), *Poa palustris* (Sumpf-Rispengras), *Potamogeton crispus* (Krauses Laichkraut), *Potamogeton pectinatus* (Kamm-Laichkraut), *Potamogeton trichoides* (Haarförmiges Laichkraut), *Rorippa amphibia* (Wasser-Sumpfkresse), *Rumex conglomeratus* (Knäuelblütiger Ampfer), *Rumex hydrolapathum* (Fluss-Ampfer), *Sagittaria sagittifolia* (Pfeilkraut), *Salix alba* (Silber-Weide), *Salix purpurea* (Purpur-Weide), *Salix × sericans, S. caprea × viminalis, Salix triandra* (Mandel-Weide), *Salix x rubens* (Fahl-Weide), *Salix viminalis* (Korb-Weide), *Saponaria officinalis* (Gewöhnliches Seifenkraut), *Schoenoplectus tabernaemontani* (Salz-Teichsimse), *Scrophularia nodosa* (Knotige Braunwurz), *Scrophularia umbrosa* (Geflügelte Braunwurz), *Scutellaria galericulata* (Sumpf-Helmkraut), *Solidago gigantea* (Riesen-Goldrute), Sparganium emersum f. fluitans (Einfacher Igelkolben), *Sparganium erectum* (Ästiger Igelkolben), *Spirodela polyrhiza* (Vielwurzelige Teichlinse), *Stachys × ambigua* (Zweifelhafter Ziest), *Stachys palustris* (Sumpf-Ziest), *Stellaria aquatica* (Wasserdarm), *Symphytum officinale* (Gewöhnlicher Beinwell), *Symphytum × uplandicum* (Comfrey), *Typha latifolia* (Breitblättriger Rohrkolben), *Urtica dioica* (Große Brennnessel).

Jahrbuch Bochumer Botanischer Verein 2/2011, S. 111–112

Bild o.: Staudenknöterich-Samen am Kemnader Stausee
Bild u.: Japanischer Staudenknöterich in warmen Herbstfarben

Ursulas botanische Lieblingslektüre

Pflanzen bestimmen

Fitter, R. et al.: Pareys Blumenbuch, Franck-Kosmos, Stuttgart 2007 (über 2500 Arten, geordnet nach Pflanzenfamilien mit gemalten Bildern der einzelnen Pflanzen. Sehr schön, um Verwandtschaften zwischen Pflanzen zu lernen, leider zur Zeit keine Neuauflage)

Lüder, R.: Grundkurs Pflanzenbestimmung, Wiebelsheim 2013 (sehr schön, um Grundwissen über Pflanzenbau und Pflanzenfamilien zu bekommen, alles in Farbe. Auch der Bestimmungsschlüssel immer mit Bild der Pflanze. Leider ist nur ca. ein Viertel aller deutschen Pflanzen drin und ich hätte mir das Buch in doppelter Größe gewünscht. Zum Lesen braucht man manchmal eine Lesebrille …)

Rothmaler, W.: Exkursionsflora von Deutschland, Gefäßpflanzen Atlasband, Band 2, Spektrum Akademischer Verlag, Heidelberg 2009 (Bildband: Hier ist **jede** in Deutschland wild vorkommende Pflanze mit ihren besonderen Merkmalen in schwarz-weiß gezeichnet. Meine Bibel!)

Rothmaler, W.: Exkursionsflora von Deutschland, Gefäßpflanzen, Grundband, Band 2, Spektrum Akademischer Verlag, Heidelberg 2005 (Textband, um jede Art und Unterarten in Deutschland genau bestimmen zu können. Für Fachleute).

Spohn, M./Aichele, D.: Was blüht denn da? Kosmos, Stuttgart 2010 (über 500 Arten, jeweils mit Foto, geordnet nach Blütenfarben, Standardwerk für Anfänger. Aber auch andere Ausgaben gleichen Titels mit Zeichnungen statt Fotos sind hilfreich)

Kräuter/Heilkräuter

Arrowsmith, Nancy: Das Buch der heilenden Kräuter, Allegria, Berlin 2009 (mit tollen Geschichten, alten Rezepten, Anwendungstipps, fantastisch zu lesen, eins meiner Liebsten)

Bühring, Ursel: Praxis-Lehrbuch der modernen Heilpflanzenkunde, Sonntag, Stuttgart 2009 (das dicke und teure Standardwerk für die medizinische Anwendung, wissenschaftlich und trotzdem angenehm zu lesen, hier steht alles drin, sehr detailliert)

Bühring, Ursel: Alles über Heilpflanzen, Ulmer, Stuttgart 2011 (ein wunderschönes Buch mit schönen Bildern, zwischen den Zeilen fliegen Schmetterlinge und Bienen rum, mit ausgefallenen Rezepten zu den bekanntesten Heilpflanzen)

Kaufhold, Peter: Heilung aus der Apotheke des Herrn, BoD Norderstedt, 2012. Überliefertes und modernes Heilwissen zu altbekannten Pflanzen super ausführlich. Hier liest man nie gehörte Anwendungen aus alter Zeit, aber auch Neues, wie zum Beispiel die Heilung von Krebs durch Bio-Brokkoli-Tee! Wer es noch ausführlicher liebt, kann vom selben Autor zu dem Buch Phytomagister greifen, einer umfangreichen Daten- und Rezeptsammlung, die auch für Heilpraktiker geeignet ist.

Pilaske, Rita: Heilkraft der Bäume, Fachverlag Dr. Fraund, Mainz 2002 (Heilkraft von Esche, Linde, Erle, Weide, Schlehe, aus Blättern, Früchten, Blüten. Sowas steht in den meisten anderen Büchern nicht)

Schönfelder, Peter und Ingrid: Der neue Kosmos Heilpflanzenführer, Kosmos, Stuttgart 2011 (jede Pflanze mit Bild zum Erkennen, mit Heilanwendungen und im Anhang genauen Rezepten für Heiltees. Wirklich geeignet, um die Pflanze auch draußen erst mal zu erkennen, mit über 400 Pflanzenfotos. Auch Spezialarten werden hier erklärt)

Bäume

Fischer-Rizzi, Susanne: Blätter von Bäumen, Heilkraft und Mythos einheimischer Bäume, AT-Verlag, München 2008

Laudert, Doris: Mythos Baum, blv, München 2009 (ein Prachtband! Die schönsten Baumfotos, Mythen, Brauchtum, Heilkraft)

Spohn, M., Spohn, R.: Welcher Baum ist das? Kosmos, Stuttgart 2014

Strauß, Markus: Köstliches von Waldbäumen, Hädecke-Verlag, Weil 2010 (Rezepte mit Eicheln, Maronen, Lindenblüten und -kapern, Robinienblüten etc.)

Thoma, Erwin: Die geheime Sprache der Bäume und wie die Wissenschaft sie entschlüsselt, ecowin, Salzburg 2012 (seine Liebe zu den Bäumen hat mich fast zu Tränen gerührt. Wunderschön zu lesen)

Thoma, Erwin/Moser, Maximilian: Die sanfte Medizin der Bäume, Servus, Salzburg 2014 (noch schöner! Die Zeichnungen darin sind mit so viel Liebe gemacht! Die Geschichten, wie der Großvater die Medizin der Bäume anwandte, herzanrührend. Ein phantastisches Buch!)

Essbare Wildpflanzen

Fleischhauer, Steffen Guido: Kleine Enzyklopädie der essbaren Wildpflanzen, 1000 Pflanzen tabellarisch, AT-Verlag, München 2010 (die BIBEL der essbaren Pflanzen! Was da nicht drin steht, esse ich nicht.)

Fleischhauer, Steffen Guido: Essbare Wildpflanzen, 200 Arten bestimmen und verwenden, AT-Verlag, München 2010 (für Anfänger, genaue Beschreibung der einzelnen Pflanzen)

Henschel, Detlev: Essbare Wildbeeren und Wildpflanzen, Kosmos, Stuttgart 2002 (er beschreibt ausführlich die Verwendung und ordnet auf sehr witzige Weise die Kräuter nach Geschmacksqualität von 1 bis 5! Er hat wirklich alles probiert)

Machatschek, Michael, Nahrhafte Landschaft 1 und 2, Böhlau, Wien 1999 (er hat die „Alten" befragt und festgestellt, dass man von Pflanzen oft ALLES – ich meine wirklich ALLES! – gebrauchen kann, belaubte Äste als Heu oder Speiselaub, es gibt Rezepte zu Mahonienbeeren, Eichelbrot, Ampfer – eingelegt wie Sauerkraut, Wildobst und viele weitere Überraschungen)

Mayer, Elisabeth: Wildfrüchte, Gemüse, Kräuter – erkennen, sammeln und genießen, Leopold Stocker, Stuttgart 2003 (hier gibt es Rezepte konkret, bebildert und lecker, zum Beispiel mit Bärenklau, Bärlauch, Löwenzahn, Veilchen, Schafgarbe, Vogelmiere)

Nentwig, Celia: Wildpflanzen. Köstliche Rezepte, essbare Dekorationen und Geschenkidee, Bloom's by Ulmer, Ratingen 2012

Nentwig, Celia/Henkel, Hella: Meine neuen Wildpflanzen-Rezepte mit vielen Deko-Ideen, Bloom's by Ulmer, Ratingen 2014 (ein Bestseller: einfach nachzumachen, bildschön, super lecker!)

Stratmann, Ursula: Paradies in Grün – Wilde Kräutergeschichten aus dem Ruhrgebiet, Klartext Verlag, Essen 2013

Kochen mit Zierpflanzen

Kabitzsch, Martina: Blütenmenüs, Thorbecke, Ostfildern 2009 (ein richtiges Kochbuch: Rezepte sind angereichert mit Zierblüten oder hauptsächlich aus Blüten)

Heil, Alexander: Der Paradiesgarten. Essbare Stauden selbst angepflanzt, Ökobuch faktum, Staufen 2009 (hier werden essbare Zierpflanzen beschrieben, allerdings viel weniger als ich erwartet hatte, es sind auch viele Wildpflanzen drin, die man aus anderen Büchern kennt, dennoch eine lohnenswerte Übersicht.)

Kraftorte, Geomantie, Elfen

Mayer, Thomas: Rettet die Elementarwesen, Neue Erde, Saarbrücken 2008

Pogacnik, Marko: Elementarwesen, AT-Verlag, Baden 2007

Stoehr, Guntram: Vom Wesen der Bäume, AT-Verlag, Baden 2012

Storl, Wolf-Dieter: Pflanzendevas. Die geistig-seelischen Dimensionen der Pflanzen, Aarau, AT-Verlag, 2008

Wolf Dieter Storl

Dieser Ethnobotaniker-Pflanzenschamane ist einfach ein Wunder! Er verbindet Wissenschaft mit Spiritualität, altes Heilkräuterwissen mit neuesten wissenschaftlichen Erkenntnissen, eine Fülle an Erfahrungen, verblüffenden neuen Forschungsergebnissen aus aller Welt und spannenden Geschichten. Und das alles mit einer umfassenden Liebe zur Schöpfung, die aus jedem Satz spricht. Fantastisch zu lesen! Jedes Buch von seinen mittlerweile über 20 ist empfehlenswert. Ich weiß gar nicht, welches mir am besten gefällt.

Ich bin ein Teil des Waldes, Kosmos, Stuttgart 2003 (seine Lebensgeschichte, botanische Erinnerungen aus der ganzen Welt, spannend!)

Heilkräuter und Zauberpflanzen zwischen Haustür und Gartentor, Knaur, München 2007 (unsere Allerwelts-Rasenkräuter als Allesheiler)

Die Seele der Pflanzen, Kosmos, Stuttgart 2009

Borreliose natürlich heilen, AT-Verlag, Baden 2010 (wer unter Borreliose leidet, sollte unbedingt sein Buch darüber lesen und es dann mit Karde und Japanischem Knöterich versuchen. Meine Kursteilnehmer haben reihenweise von Heilungen berichtet, nachdem sie ihre selbst gemachte Kardentinktur eingenommen haben)

Wandernde Pflanzen. Neophyten, die stillen Eroberer, AT-Verlag, Aarau 2012

Das Herz und seine heilenden Pflanzen, AT-Verlag, Aarau 2010

Film „**Pflanzenzauber**", DVD, Aurum

Film „**Heiler am Wegesrand**", DVD, Aurum

Hier gibt es Bio-Samen und -Kräuter

Bio-Samen
Ein vielseitiger biologischer Saatgutversand ist der „Dreschflegel", ein Zusammenschluss von 14 Gärtnereien und Höfen mit 647 Samensorten im Angebot. Dort gibt es alte Gemüsesorten, Blumen- und Wildkräutersamen, Heilpflanzen und Wildgemüse.
www.dreschflegel-saatgut.de

Zauber-, Duft-, Würzkräuter und Wildkräuter in Bio-Qualität
gibt es bei Kräutermagie Keller in Datteln: „Liebe Kräuterfreunde, Pflanzenverrückte, Genusssüchtige und Sammler! Wir sind eine Gärtnerei, die aus der Freude und Leidenschaft entstanden ist, mit den Pflanzen zu arbeiten, sie zu spüren und zu erfahren. Wir möchten Sie einladen auf eine Reise mit Geschichten, Düften und Farbenspielen. Lassen Sie sich verführen, alle Geschmackszonen zu erleben. Vielleicht finden Sie Ihr persönliches Kraut!" Alles wird auch versendet. *Öffnungszeiten der Gärtnerei von April bin Oktober, Mittwoch und Freitag von 10 bis 18 Uhr und Samstag von 9 bis 16 Uhr.*
www.gartenmagie-keller.de

Ausgewählte Botanik-Projekte aus dem Ruhrgebiet

Bochumer Botanischer Verein
Von Dr. Armin Jagel und Corinne Buch

Im Jahr 2007 setzten sich acht Studierende und Ehemalige der Lehrstühle Geobotanik und Vegetationsgeographie der Ruhruniversität Bochum zusammen und überlegten, wie sie zur Kenntnis der Pflanzen im Bochumer Raum auch nach dem Studium noch weiter beitragen könnten. Ziel dabei war es aber auch, dass sich alle an der Natur Interessierten nicht aus den Augen verlieren und das gemeinsame Interesse an der Flora der Region zusammen weiter hegen. Herausgekommen ist die Gründung des Bochumer Botanischen Vereins, dessen Hauptschwerpunkt im Gegensatz zu den drei Naturschutzverbänden der Stadt nicht der aktive Naturschutz, sondern die Erforschung der Flora Bochums und darüber hinaus des Ruhrgebietes ist. Zunächst traf man sich auf Exkursionen und veranstaltete einen GEO-Tag der Artenvielfalt, an dem der Blick der Bochumer Bürger für die Vielfalt der heimischen Tier- und Pflanzenwelt geschärft wurde. Außerdem übernahm der Verein die Ausrichtung der traditionellen, einmal im Jahr stattfindenden Jahrestagung der westfälischen Botaniker (Westfälischer Floristentag in Münster). Der Verein entwickelte sich immer weiter und heute sind eine Reihe der wichtigsten Botaniker Nordrhein-Westfalens Mitglied im Verein, sodass sich der Wirkungsraum mittlerweile auf das gesamte Bundesland ausgedehnt hat. Der Verein stellt sich besonders stark im Internet dar (http://www.botanik-bochum.de), wo man zum Beispiel Fotoseiten zur Bestimmungshilfe von Pflanzen findet und viele interessante Pflanzenporträts sowie Listen von in Bochum gefundenen Pflanzen und Tieren. Seit 2009 bringt der Verein mit dem Jahrbuch auch eine eingetragene, wissenschaftliche Zeitschrift heraus (Jahrbuch des Bochumer Botanischen Vereins), die schwerpunktmäßig floristische Themenbereiche Nordrhein-Westfalens behandelt.

Akademie für angewandte Vegetationskunde
Priv. Doz. Dr. Hans-Christoph Vahle

Forschungs- und Ausbildungsstätte für ganzheitliche Vegetationskunde und ihre Anwendung in Naturschutz, Landwirtschaft, Medizin und Pädagogik

Wissenschaftliche Grundlage der Akademiearbeit ist die Vegetationskunde, man kann auch sagen: die Pflanzensoziologie. Sie erforscht Pflanzengesellschaften, also das, was von Natur aus spontan zusammen wächst und dabei bestimmten Gesetzmäßigkeiten folgt.

Vegetationskunde hat sich bereits als wichtigste Grundlage für Schutz, Pflege und Entwicklung von gefährdeten Biotopen und Landschaften bewährt, außerdem ist sie die wichtigste Basis der Biotopkartierung. Die Akademie veranstaltet Experten-Seminare und Exkursionen zur Weiterbildung, Biotopkartierung und berät Projekte zur Etablierung von „Lichtlandschaften".

Auch der Ökolandbau kann von der Pflanzensoziologie profitieren: Mit ihrer Hilfe kann die Hoflandschaft so gestaltet werden, dass eine vielfältig gegliederte, organische Lebensganzheit entsteht. Das führt zur Qualitätssteigerung auf jeder Ebene bis hin zu den Produkten. Insbesondere die artenreichen Mähwiesen stehen dabei im Vordergrund und werden aktuell in einem deutschlandweiten Projekt bearbeitet.

Ein noch nahezu unbekanntes Anwendungsfeld: Die Heilwirkung von Pflanzen aus ihren Pflanzengesellschaften und ihren Standorten heraus verstehen lernen. Es zeigen sich dabei bemerkenswerte Übereinstimmungen zwischen Mikrokosmos Mensch und Makrokosmos Landschaft, wobei die betreffenden Heilpflanzen eine Schlüsselposition einnehmen.

Aktuelles Projekt am Gemeinschaftskrankenhaus Herdecke
Priv. Doz. Dr. Hans-Christoph Vahle
Von den Mitarbeitern des Gemeinschaftskrankenhauses Herdecke wurde im Herbst 2013 der Wunsch geäußert, die Außenanlagen so neu zu gestalten, dass auch einheimische Heilpflanzen mit einbezogen würden. Im Idealfall sollten die Beete so angelegt werden, dass die Heilpflanzen in ihren natürlichen Pflanzengesellschaften wachsen können. Da war wieder einmal die Pflanzensoziologie gefragt.

So entstand in Kooperation zwischen der Akademie für angewandte Vegetationskunde und der HerWe-Garten- und Landschaftsbau GmbH ein Konzept der besonderen Art: Welche Heilpflanzen sollen gezeigt werden? Welches sind ihre angestammten Pflanzengesellschaften? Wo bekommt man das Saat- und Pflanzgut her? Wie können diese Pflanzengesellschaften so verändert / gestaltet / optimiert werden, dass sie auch ästhetischen Ansprüchen genügen? Und wie können sie schließlich erhalten werden? Kein leichtes Unterfangen, wirken Gesellschaften aus Wildpflanzen doch vielfach eher wie „Unkraut" vor dem bürgerlichen Blick.

Inzwischen haben sich einige besondere Orte gefunden, an denen das Konzept probeweise umgesetzt wird. Beispielsweise wird es an einer sonnigen Böschung eine wärmeliebende Saumgesellschaft geben mit **Blutstorchschnabel**, **Johanniskraut**, **Diptam** und anderem. Nicht weit davon wird ein Rasenhügel in einen **Arnika-Borstgrasrasen** umgewandelt, in dem auch **Gelber Enzian**, **Blutwurz** und **Echter Ehrenpreis** wachsen. Oder es gibt einen „Lippenblütler-Hang" am sonnigen Treppenaufgang mit wärmeliebenden Aromapflanzen wie **Thymian, Salbei, Majoran, Wirbeldost, Edelgamander,** dazu die Pflanzengesellschaften der Kalktrockenrasen und der wärmeliebenden Saumgesellschaften. Die Haupteinfahrt soll eine großwüchsige zweijährige Staudengesellschaft zieren: die **Eselsdistel**-Gesellschaft mit **Königskerzen, Nachtkerzen, Natternkopf.**

Das größte Projekt ist aber eine blumen- und kräuterreiche Glatthaferwiese von einem Hektar Größe, am Hang direkt neben dem Krankenhaus. Sie wurde in diesem Jahr mit Spezialsaatgut komplett neu eingesät und soll *alle* potenziellen Wiesenblumen und -kräuter der Region enthalten. Wichtig ist, dass sie regelmäßig zweimal im Jahr gemäht und zu Heu verarbeitet wird, sonst würde sie entarten. Das Schöne ist: Man kann hier nach Herzenslust Blumen pflücken, denn die Wiese ist sehr groß …

Gemeinschaftsgarten im Siepental – macht Essen essbar!
Von Jeannette Schulz

Seit März 2013 wird in Essen im Stadtteil Bergerhausen in einer öffentlichen Grünanlage gesät und geerntet, gelernt und gefeiert. Hervorgegangen aus der Initiative „Gemeinschaftsgärten in Essen", die Teil von Transition-Town – Essen im Wandel ist, will dieses Projekt alle ansprechen, die sich für biologischen Anbau von Obst und Gemüse auf öffentlichen Flächen und Schaffung lebensfreundlicher, grüner Orte in Essen einsetzen.

In den bisher 50 Beeten wachsen nicht nur Kartoffeln, Kürbisse, Bohnen und Salate, auch viele Kräuter, Blumen, Beerensträucher und Wildpflanzen laden zum Entdecken und Probieren ein.

Jeden Samstag-Nachmittag wird gemeinsam gegärtnert, wozu neue GrünliebhaberInnen immer willkommen sind. Auch an anderen Tagen ist dort manchmal viel los, es gibt aber auch Tage, wo man hier eine grüne Oase der Ruhe genießen kann. Der Garten

Gartenarbeit ist gesund!

ist immer offen und ein wunderbarer Treffpunkt für junge und alte, erfahrene und unerfahrene, eifrige und ganz entspannte Menschen. Mehrmals im Jahr werden Feste und Workshops organisiert und regelmäßig einmal im Monat, immer am 1. Mittwoch um 16.30 Uhr, findet das Projekt „Gesundheitsgarten" statt, dabei geht es um die Heilwirkung von Gemüse, Obst und Wildpflanzen.
(Jeannette Schulz)
www.schulz-naturheilkunde.de,
www.gemeinschaftsgartenessen.wordpress.com

Dank

Mein besonderer Dank geht an

- » alle Pflanzenwesen auf der ganzen Welt!
- » meinen Lektor Achim Nöllenheidt, der mit viel Geduld und Engagement dieses kompliziert zu setzende Buch so liebevoll gestaltet hat
- » meine Tochter Meike für ihre inspirierenden Korrekturen
- » den Baumsachverständigen Bernd Fischer für Korrekturen, Ergänzungen und fachliche Unterstützung bei den Zierpflanzen und seine immerwährende Bereitschaft, unklare Arten noch einmal mit mir zu besuchen
- » Dr. Armin Jagel vom Bochumer Botanischen Verein fürs Korrekturlesen, mit besonderem Augenmerk auf die spezielle Botanik! Danke auch für die fachliche Unterstützung bei den Pflanzenlisten sowie die ständige Bereitschaft, meine Fragen nach schwierigen Arten zu beantworten, und für das Kapitel im Anhang über den Bochumer Botanischen Verein
- » Eberhard Hoffmann vom Freundeskreis Botanischer Garten Rombergpark für Anregungen und Verbesserungen für das Kapitel über den Rombergpark
- » Dirk Derhof vom Botanischen Garten Wuppertal für Korrekturen und Anmerkungen im Kapitel über den Wuppertaler Botanischen Garten
- » den Fotografen Leo Kepplinger, der mir die großformatigen fantastischen Blütenfotos zur Verfügung gestellt hat
- » die weiteren Fotografen, besonders Yasmin Kuhr (www.yasmin-kuhr.com), Bernd A. Fischer, Dankwart Ludwig u. a.
- » Dr. Wolf-Dieter Storl für seine wundervollen Bücher und Anregungen, die bei mir eine Liebe zu ALLEN Lebewesen hervorgerufen haben, auch zu den kleinen aus dem Untergrund
- » die Phytaro-Heilkräuterschule in Dortmund, wo ich so viel wertvolles Wissen über die Heilkräfte der Pflanzen tanken durfte und wo ich gelernt habe, wie man Liebesweine und Tinkturen ansetzt, Salben rührt, Zäpfchen macht, Heil-Öle komponiert, Kräutertees zusammen stellt ...
- » alle Teilnehmer meiner Kräuterkurse und Exkursionen, von deren Erfahrungen ich lernen durfte und die mich zu allerlei Geschichten inspiriert haben.

Über die Autorin

Ursula Stratmann, Jahrgang 1958, ist Mutter dreier Kinder, Dipl.-Biologin und Dipl.-Kräuterfachfrau (Phytaro), Labor-MTA und Umweltberaterin.

Sie arbeitet als Dozentin an der Dortmunder Phytaro-Heilpflanzenschule, schreibt für Zeitschriften und macht Kräuterführungen und Heilkräuterkurse in ganz NRW.

Termine Kräuterführungen unter www.kraeutertour-de-ruhr.de
E-Mail-Kontakt: uschi.stratmann@web.de

Bildnachweis

Albert, Rolf
S. 243, 264
Al Saidi, Nail
S. 127
Baersch, Sibylle
S. 128, obere Reihe l.
Fiedler, Petra
S. 332
Fischer, Bernd A.
S. 20 o., 37, 40, 115 o.r., 118, 121 r., 263 o.r., 309
Kepplinger, Leo
S. 45, 60, 82, 101, 128 o.l., 154, 269
Kuhr, Yasmin
S. 18, 53, 72, 75 u., 85 u.r., 99: 2.v.o., 336

Ludwig, Dankwart
S. 28
Schernstein, Walter
S. 161
Stratmann, Olga
S. 10
Stratmann, Sanja
S. 9, 334
Wikipedia
S. 83 o.l., 86, 90, 93, 97 u.r., 110 o.l. und u., 157, 158, 159 u., 167 l., 171, 179 m. und u., 183, 186, 187, 239, 279 o., 304: 2. v. u.

Alle anderen Fotos stammen von Ursula Stratmann.

EBENFALLS ERHÄLTLICH

Ursula Stratmann
PARADIES IN GRÜN
Wilde Kräutergeschichten aus dem Ruhrgebiet

288 Seiten, durchgehend farbige Abbildungen, Broschur, 12,95 €
ISBN: 978-3-8375-1056-0

„Paradies in Grün" … Mit Wildkräutern aus dem „Ruhrpott"? Zwischen Schloten und Autobahnen? Aber ja! Wilde Kräuter zu naschen ist total „in"! Erleben Sie Blumensalat und Vitaminbomben, essbare Städte und Permakulturgärten, die Hausapotheke aus dem eigenen Vorgarten und Geschichten über Pflanzen mit Migrationshintergrund.